하루 7분으로 만드는 내 몸의 기적

7분 건강

[일러두기]

본문에 나오는 부연 설명은 옮긴이의 것이며, 해당 부분에 약물(＊) 표시를 해두었습니다.

7 MINUTEN AM TAG

: ENDLICH GESÜNDER LEBEN by Dr. med. Franziska Rubin

하루 7분으로 만드는 내 몸의 기적

7분 건강

프란치스카 루빈 지음 | **김민아** 옮김

더 건강한 삶, 더 행복한 삶을 누리기를 바라며

_____ 님께 이 책을 드립니다.

"작은 습관은 우리의 모든 것을 바꿉니다!"

추천의 말

생로병사, 이는 사람이 태어나서 늙고 병들고 죽어가는 일을 그대로 표현한 말이다. 얼마나 정확한 표현인지 감탄이 절로 나온다. 많은 사람들이 '어떻게 하면 건강하게 오래 살 수 있을까'를 연구하고 노력해왔다. 그 결과 이미 우리나라의 평균 수명은 이미 80을 넘어 장수 국가로 가고 있지만, 병과 함께 살아가는 노령화도 매우 빠르게 진행되고 있다. 그렇다 보니 힘들고 아픈 유병 장수시대를 살고 있는 사람들이 많다.

《7분 건강》은 건강에 꼭 필요한 핵심 사항을 건강, 심신의학, 영양, 자아 성찰, 운동, 나와 당신, 뷰티 등 7가지 팁으로 소개하는 것은 물론이고 이를 제대로 실천할 수 있도록 행동을 유도한다. 이를 따라 하는 동안 스스로 변하고 있는 자신을 확인할 수 있으며, 몸이 점차 건강해지고 있다는 것도 알아챌 수 있을 것이다. 이 책은 '건강은 건강할 때 지켜야 한다'는 이 평범하고도 중요한 진리를 매일 잊고 사는 우리에게 새로운 방식의 깨우침을 주고 있다. 짧다고 생각되는 7분으로 내 몸을 회복할 수 있다면 매일 병원에 다니는 것보다 더 큰 도움이 될 것이다.

하루가 멀다 하고 건강 정보가 쏟아져 나오고, 수많은 광고물이 건강이 중요하다고 말하지만 내 건강을 위해 정말로 중요한 것은 바로 매일 꾸준히 실천하는 건강한 생활 습관이 아닐까? 이 책에서 강조하는 쉽게 따라 할 수 있는 하루 7분 건강법으로 독자 여러분들의 몸과 마음이 새롭게 회복되길 기원한다.

—오한진 (을지대학병원 가정의학과 교수)

다들 건강을 생각하며 운동을 하는데, 실제적인 운동은 헬스클럽이나 스포츠센터에 가서나 하려는 사람이 많다. 하지만 그러고 싶어도 헬스클럽에 자주 가기는 쉽지 않다. 그럴수 있는 사람도 드물다. 헬스클럽 운동은 또한 신체 건강에만 치중되어 있다. 건강은 몸과마음 둘 다에 있다.

그렇다면 방식을 바꿔보자. 생활 속 자투리 시간을 이용해 몸도 마음도 챙겨보면 어떨까. 가끔 앞꿈치로만 걸어보고, 빗질을 100번 해보자. 줄 없는 줄넘기를 하고, 친구와 같이 걸어보고, 페이스 리프팅 하는 요가를 하고, 누군가에게 감사 편지를 써보자. 한 번에 7분을투자해서 이렇게 많은 것을 할 수 있다니 놀랍다. 《7분 건강》은 나 자신에게 틈틈이 건강을 저축해두는 것으로 보인다. 나중에 목돈 되어 나타날지니, 7분으로 마음과 몸 건강을쌓는 재미가 쏠쏠하지 싶다.

—**김철중** (《조선일보》 의학전문기자, 의학박사)

동서양의 많은 의학 관련 서적과 논문 들을 탐독하다 보면 대증치료에 적용할 수 있는 항목들을 발견하게 된다. 《7분 건강》이 바로 그런 책이다. 동서양의 대체의학과 심신의학을과학적으로 검증하고, 누구나 쉽게 짧은 시간에 실천할 수 있는 건강요법만을 정리했다. 영양과 뷰티까지를 고려한 '토탈 건강서'라고 할 만한데 통합의학의 지향점과 맞닿아 있다. 일상에서 쉽게 할 수 있는 걷기나 명상, 호흡 등은 현대인의 과흥분된 교감신경을 진정시켜 몸과 마음에 평안과 활력을 줄 것이다. 이 책에서 언급한 대로 즉시 고대 인도(아유르베다 경전)에서 유래된 오일 풀링으로 아침을 시작해보라. 당신의 인생이 달라지는상쾌한 하루가 시작될 것이다.

—**박정배** (감로국한의원 원장, 한의학박사)

목차

5주차 새롭게 시작하는 생활 습관들

6주차 의식적으로 나 자신을 돌보기

7주차 더 건강한 삶을 위하여

들어가며

건강법을 찾기 위해 수백 권의 책을 읽다

중부독일방송에서 건강 프로그램인 〈하우프트 자헤 게준트(Hauptsache Gesund)〉(중요한 것은 건강이다)를 진행하던 처음 몇 년 동안은 마치 저주를 받은 게 아닌가 싶었습니다. 호텔에서 조식을 먹을 때면 바삭한 베이컨에 포크가 닿기도 전에 누군가 옆에 서서 접시를 내려다보며, 제가 방송에서 추천하는 건강 팁들을 스스로 실천하는지 않는지 눈썹을 힘껏 추켜올린 채 묻곤 했으니까요.

공원에 조깅을 나가면 60대를 넘긴 어르신들이 뒤처지는 저를 보며 측은한 듯 미소를 띤 채 앞서 달려갔습니다. 몇 년 동안은 계속 이런 식이었어요. 인터뷰를 할 때마다 항상 마지막 질문은 제가 설파하는 대로 저도 실천하며 사는지에 대한 것이었습니다. 저는 설파라는 것을 싫어합니다(의사로서 조언이나 권고를 하고 위험성을 알리며 연구 결과를 소개할 뿐이었습니다). 그런데 저 스스로 지난 몇 년 동안 삶에서 달라진 것들이 있다고 느끼면서 이 질문에도 더 솔직하고 여유롭게 대답하게 되었습니다.

그동안 읽었던 연구 결과와 배경지식을 기반으로 제시했던 건강 팁들을 어느새 저도 일상 속에서 실천하고 있었던 것이죠. 해야 해서 한 것이 아니라 궁금해서 해보았고, 제 몸에 잘 맞는 방법은 지속했습니다. 저도 모르게 변한 것이죠. 건강한 생활 방식에 대한 끝없는 탐구는 경이로운 결과를 끌어냈습니다. 전문가의 이야기를 듣고 그다음 날부터 바로 바꾼 생활 습관도 있고, 카메라 앞에서 잠깐 시도해보았다가 "우와, 정말 마음에 드는걸" 하고 깨달아 시작한 습관도 있습니다. 그저 어디선가 읽고 나서 시도해본 것들도 있고요.

쉬지 않고 떨어지는 물방울이 바위를 뚫듯 그렇게 머리를 뚫고 들어온 것이죠. 이러한 일이 일어난 것에 있어 가장 좋은 점은 다행히 전혀 아프지 않았다는 것, 그리고 과거 습관들의 대부분이 이제는 더 이상 그립지 않다는 것입니다. 저라고 모든 것을 제대로 한 것은 아니었습니다. 그렇게 다 제대로 해야 할 필요도 없습니다. 여러분도 마찬가지고요. 중요한 것은 일상생활에서 새로이 시작하거나 바꿀 수 있는 작은 습관들부터 변화를 주는 것입니다. 사소해 보이지만 몇 주, 몇 달, 몇 년이 지나면 엄청난 변화를 불러올 것입니다.

무슨 변화가 생기냐고요? 건강한 기분과 활력, 에너지를 느끼며 자신에게 더욱 집중하고, 수많은 질병을 예방하는 동시에 건강을 유지하거나 건강해질 수 있도록 몸을 단련하게 되는 것입니다. 더 큰 행복과 기쁨을 느낄 뿐만 아니라 사회적 관계도 강화될 거예요.

그렇게 책에 대한 아이디어를 얻었습니다. 자신에게 맞는 방법을 찾기 위해 수백 권의 책을 읽을 수 있는 사람이 과연 있을까 싶었기에 이 책을 쓰기로 결심한 것이죠. 앞으로 몇 주 동안 하루 7분만 투자해서 자신에게 유익한 일을 해주기로 단단히 다짐해보세요. 7분은 긴 시간이 아니고, 팁을 실천하는 방법 또한 간단합니다. 실제로 해보시면 해당 팁이 왜 유용한지 바로 느끼실 거예요. 여러분의 삶에 뿌리내리게 될 팁은 과연 무엇일지 기대됩니다!

직접 실천해보면서 재미를 느끼시기를, 관련 지식을 읽으면서 배움의 즐거움을 만끽하시기를 바랍니다. 앞으로의 일상에 필수 요소로 자리 잡을 팁도 분명 있으리라 믿습니다!

시작해봅시다!

친애하는 독자 여러분!

좋습니다! 앞으로 몇 주 동안 여러분과 저는 한 팀입니다. 함께해주신다니 기쁘군요! 앞으로의 여정은 어렵지 않으며, 오히려 쉽게 느끼실 거라고 약속드립니다. 매일 두 페이지를 가볍게 읽거나 살펴보시고 최대 7분의 시간을 투자해 새로운 시도를 해볼 의지만 다지시면 됩니다. 1주일 중 어느 요일에 시작하시든지 상관없습니다. 각 팁은 다음과 같이 구성되어 있습니다.

간단 요약
인내심이 많지 않은 분들을 위해 항상 맨 위쪽, 각 팁의 제목 아래 '간단 요약'이라는 이름으로 내용을 간추려 적어두었습니다. 바쁘고 이동이 많은 날이라면 먼저 그날 팁에 대한 요약을 읽고 언제, 어떻게 7분 팁을 실천하는 것이 좋을지 결정해보세요. 이 책이 학술 도서였다면 우리가 개요라고 부를 부분입니다.

개인적인 이야기
간단 요약이 끝나면 이 팁이 어떻게 제 삶으로 들어왔는지 또는 반대로 제가 어떻게 이 팁을 찾아냈는지에 대해 짧게 설명해드릴 거예요. 대부분의 팁은 제 개인적인 경험이나 공신력 있는 연구 결과에 따른 것이고, 생각거리를 제시해주는 연구나 흥미로운 최신 연구 결과를 기반으로 한 것이기도 합니다.

준비물
아마 팁을 실천하기 위해 필요한 대부분의 준비물은 이미 집에 가지고 계신 것이거나, 잘 찾아보면 어디엔가 있을 법한 것들일 거예요(찾을 엄두가 나지 않으신다면 '모두 비워내기!' 페이지로 바로 가보세요!☺). 특별한 준비물이 필요할 때는 여러분이 다음 주 쇼핑 목록에 추가하실 수 있도록 그 전주 마지막 부분에 적어두도록 하겠습니다.

이렇게 하면 돼요
이 항목에는 그날의 팁을 실천하는 실질적인 방법을 적었어요. 쭉 읽어보고 바로 시작하거나 그날 계획해둔 시간에 맞추어 시작해보세요. 혹시 잊어버릴 것 같다면 휴대폰에 알람을 맞춰두는 것도 좋아요. 저는 개인적으로 손바닥에 키워드를 적습니다. 물론 주위 사람들이 놀리는 일도 있지만요.

이런 효과가 있어요
각 팁은 우리 몸과 마음에 각기 다른 효과를 가져다줍니다. 어떤 효과가 어떻게 발생하는지 이곳에서 읽어보실 수 있습니다. 유럽의 체험의학 역사는 오래되었고, 고대 이집트와 로마를 거쳐 힐데가르트 폰 빙엔(Hildegard von Bingen, 독일 베네딕트회 소속 수녀. 약초학자이자 과학자이기도 했다*)과 파라켈수스(Paracelsus, 스위스 출신의 의학자*), 세바스티안 크나이프(Sebastian Kneipp, 가톨릭 사제. 자연요법으로 중증 환자를 치료했다*)에 이르기까지 수천 년 동안 여러 자연요법이 전해 내려왔습니다. 물론 이 외에도 자연요법을 실시한 사람들은 많습니다.

자연요법뿐 아니라 최신 연구나 학술 조사 결과에 따른 요법들도 매우 흥미롭고 재미있습니다. 어떤 것이 왜 도움이 되는지를 이해한다면, 이를 규칙적으로 실천하는 데에도 도움이 된다고 생각합니다. 팁 뒤에 숨겨진 보물 같은 지식을 읽어보고, 해당 팁이 여러분께 개인적으로 특별히 도움이 되는지 알아보세요.

이런 효능이 있어요

여기에는 각 팁들이 신체와 정신, 마음에 미치는 가장 중요한 효과들이 다시 한 번 간단히 요약되어 있어요. 해당 팁과 그 배경에 대해 더 알고 싶으실 경우 참고할 수 있는 관련 연구 및 도서 정보를 부록에서 찾아보실 수 있습니다(170쪽 더 알아보기 참조).

하지만 가장 중요한 것은 일단 그냥 시도해보는 거예요! 무조건 "안돼, 난 못 해"라고 말하지 마세요. 이 팁들은 누구나 따라 할 수 있고, 매일 그 즉시 무언가를 배울 수 있을 것이기 때문이에요. 최악의 경우라고 해도 모임에서 사람들이 건강에 대해 깊은 토론을 할 때 한 마디라도 보탤 수는 있겠죠. 최선의 경우에는 많은 것들이 개선되고, 삶이 풍요로워질 것입니다. 매일 실천할수록 더 많은 효과를 즐길 수 있을 거예요!

더 알아보기

(지식욕이 넘치는 분들을 위해) 어떤 특정 주제 및 언급된 연구에 대해 더 읽어보고 싶은 분들은 각 장의 참고 문헌에서 이를 확인하실 수 있어요. 각 팁에 숨어 있는 '책 도장' 표시를 잘 찾아보세요.

++++ 7분 타이머 ++++

자, 이제 시간은 없지만 많은 변화를 꿈꾸는 우리 같은 사람들이 제일 반길 만한 것을 말씀드릴 차례입니다. 바로 7분의 시간만 있으면 된다는 것이죠. 시간이 더 오래 소요되는 것 같다면 알람을 맞춰두고 중단해서도 좋습니다. 하지만 해당 팁이 본인에게 잘 맞는다면 더 오래 하서도 괜찮습니다. 스스로 결정하시면 됩니다. 저는 각 팁의 핵심을 파악하고 자신과 잘 맞는지 생각해보는 데 7분이면 충분하다고 생각합니다. 정말 잘 맞거나 아예 맞지 않을 수도 있겠죠.

우리가 함께 시도해보고, 좋은지 별로인지를 따져보게 될 팁들은 각기 다른 7가지 분야로 구성했습니다.

1. 건강

몸을 건강하게 만들고 면역력을 강화하는 간단한 방법을 매일 시도함으로써 조금 더 건강해질 수 있다면 이를 마다할 사람이 과연 누가 있을까요? 피로가 쌓인 간을 위한 복부 찜질이나 컴퓨터 사용량이 많은 분들을 위한 안구 운동법 같이 정말 간단한 팁들로 말이죠.

2. 심신의학: 스트레스 완화법

심신의학은 몸과 마음을 위한 의학을 의미합니다. 앞으로는 이 분야에 대해 많이 듣게 되실 텐데요, 우리 대부분이 과도하게 스트레스를 받고 있기 때문이죠. 스트레스는 비단 머릿속에서만 발생하는 것이 아니라, 우리 몸 전체에 다양한 영향을 미치게 됩니다. 우리는 지혜로운 생각과 호흡 조절, 특별한 방식의 숲길 산책 등을 통해 스트레스를 관리할 수 있습니다.

3. 영양

지난 몇 년 동안 영양만큼 언론과 대중의 관심을 받은 주제도 없을 것입니다. 우리가 섭취하는 음식은 자동차를 위한 기름이나 엔진 오일 같은 역할만 수행하는 것이 아니기 때문입니다. 음식은 몸에 연료를 공급할 뿐만 아니라 세포의 구성 요소가 되며, 건강에 기여하기도 하고 반대로 면역 체계와 신체 기관을 방해하기도 합니다. 영양가 높은 건강한 식재료가 일상에 스며들게 해보세요. 천천히 음식을 섭취하거나 채식(vegan)을 즐기는 것도 좋습니다. 일단 하루 동안 도전하는 것으로 시작해보세요.

4. 자아 성찰

슬픈 진실을 말씀드릴게요. 자신을 돌보거나 사랑하지 않으면, 다른 사람도 여러분을 돌보거나 사랑해주지 않습니다. 이것이 바로 자신의 관점이나 평가를 바꾸거나 감사를 실천하고, 더 나은 결정을 내리는 법을 배우는 것이 매우 중요한 이유입니다. 자기 성찰은 제가 정말 좋아하는 주제입니다.

5. 운동

운동이 충분한 휴식만큼이나 우리의 정신 건강을 위해 중요하다는 것은 자명한 사실입니다. 운동의 효과는 다양한데요, 건강을 유지해주고 심지어 암을 예방하기도 합니다 (만병통치약과 비슷합니다). 그런데도 우리는 운동 부족 사회에서 살고 있습니다. 운동은 우리를 건강하게 만들어주고 기쁨을 주며, 다양한 질병 예방 효과도 있기 때문에, 이럴 때일수록 몸을 움직이게 하는 건강 팁을 1~2개쯤 습관화해두면 참 좋겠죠.

6. 나와 당신: 함께 행복하기

오늘날 대부분의 사람들이 혼자 냉장고는 문제없이 잘 채워 넣습니다. 그러나 인간은 냉장고만으로는 살 수 없는 존재입니다. 인간은 사회적 존재로서 집단이나 사회의 보호, 사회 내에서의 친밀감, 교류, 임무를 필요로 합니다. 이를 간과하는 사람은 삶의 재미를 잃어버리거나 종종 외로움에 사로잡히게 됩니다. 작은 것들이 큰 변화를 만들어낼 수 있습니다. 이는 이웃들과의 관계에서도 마찬가지입니다.

7. 뷰티

인간은 쾌락을 추구하는 존재입니다. 감각이 자극을 받으면 기뻐하고, 잘 관리해 몸을 아름답게 가꾸면 행복해합니다. 바빠서 시간이 부족한 분들은 간단한 필링이나 마스크팩, 마사지 등을 이용해 몸을 건강하고 아름답게 가꿀 수 있을 거예요.

닻 내리는 날

앞으로 매번 7일간 7개의 팁이 끝나면 나오게 될 페이지를 설명할 시간이 되었습니다. 저는 이날들을 '닻 내리는 날'이라고 부릅니다. '닻 내리는 날'은 1주일 동안, 또는 그 전주들에 했던 팁 중 제일 마음에 들었던 팁을 다시 반복해보는 날입니다.

가장 좋았던 팁들이 여러분이 즐겨 하는 습관으로 자리 잡을 수 있을 때까지 반복하며 머릿속에 닻을 내리듯 고정시키는 것이죠. '닻 내리는 날'에는 지난 모든 팁을 다시 한 번 쭉 살펴보고, 원하실 경우 스마일 표시에 체크하시면 됩니다. 팁이 좋았다면 ☺, 별로였다면 ☹, 한 번 더 해보고 결정하고 싶다면 ☺에 체크 표시를 하세요. 그러고 나서 어떤 팁을 그날 해볼 것인지 스스로 정해보세요. 한 가지 팁을 해봐도 좋고 여러 팁을 골라도 좋습니다. 몇 주의 시간이 흐르고 나면 몇몇 팁들은 이미 일상생활에서 실천하고 있다는 것

을, 또는 의도하지는 않았지만 눈에 띄는 변화가 생겼다는 것을 깨닫게 되실 수 있어요. 그렇다면 굉장히 잘하신 거예요!

'닻 내리는 날'에는 여러분이 해보았던 팁을 더 발전시키거나 변화시킬 수 있는 새로운 아이디어도 제시해드릴 거예요. 팁은 순서대로 복기해보는 것이 좋습니다. 각 장이 끝나면 여러분의 생각과 자신에게 맞게 팁의 개선 방안을 적을 수 있는 공간이 마련되어 있습니다.

한 주가 시작할 때 팁의 간단한 개요를 둘러보시고 여러분께 가장 잘 맞는 날들에 팁을 배치하셔도 좋습니다. 예를 들어, 클레오파트라 반신욕 팁은 반신욕을 하기 가장 좋은 날, 간단한 빵 굽기 팁은 빵을 먹을 수 있는 날, 호흡법으로 화를 분출하는 팁은 직장 상사와 면담이 있는 날에 하는 것으로 계획해보는 것이죠. 각 팁의 앞부분에 적힌 짧은 요약은 7초면 읽을 수 있을 거예요.

그럼 이제 시작해보겠습니다. 팁은 하루에 하나씩 하고, 스톱워치도 계속 사용하세요. 팁을 실천해보면서 재미와 지식을 발견하시기를 기원합니다. 각자에게 잘 맞는 것과 중요한 것이 무엇인지 알게 되실 거예요. 마음에 들지 않는 팁이 있다면 줄을 쫙 그어 지우고 잊어버리세요. 매주 7분씩 7개의 팁을 차분히 해보다 보면 삶의 많은 부분이 달라질 것입니다. 더 나은 방향으로 말이죠. 장담합니다!

1주차를 위한 준비

1주차 팁을 위한 재료 및 도구

- 복부 찜질을 위한 준비물
  - → 세안 수건 또는 면 행주
  - → 목욕 수건
  - → 담요
  - → 보온 물주머니

- 데이 크림
- 유기농 레몬 3~5개
- 유기농 마늘 30쪽(마늘 약 3개)
- 취향에 따라 유기농 라임 1개
- 또는 생강 뿌리 1조각
- 또는 강황 가루
- 또는 그라인더로 갈아낸 검은 후추

- 버터밀크 300mL
- 올리브 오일
- 복부 찜질 시 취향에 따라 활용할 수
  있는 추가 팁:
  야로우 허브(약국에서 구입 가능)

1주차

차근차근 목표를 향하여

• • •

1주차에서는

효과적으로 (그리고 편안한 방법으로)

간을 튼튼히 하고, 기력을 빠르게 재충전하고,

특별한 음료로 혈관을 보호하고,

춤을 통해 여러분의 지구력과 민첩함을 기르고,

다른 사람들을 위해 좋은 일을 하고 손을 관리할 수 있는

7분 팁들을 만나보실 수 있습니다.

[건강] 간을 위한 응급 처치

따뜻하게 감싸기

간단 요약: 간은 몸의 독소를 제거해주는 가장 중요한 기관 중 하나이지만 대부분의 사람들은 간을 지독하게 혹사하고 있습니다. 간에게 모처럼 좋은 것을 해주고 싶으신 분들은 오늘 낮잠을 주무시기 전이나 잠자리에 들기 전에 7분만 투자해 간을 따뜻하게 감싸보세요. 복부의 간 부근을 찜질하는 것은 오래전부터 전해 내려오던 방법인데요, 긴장을 완화해주고 혈액순환을 원활하게 해 신장 기능을 촉진하는 효과가 있습니다.

자, 가슴에 손을 얹고 자신의 간을 들여다보세요. 회식을 즐긴 후 또는 마음껏 먹고 마시는 명절 후, 간에 너무 무리를 준 것은 아닌지 한 번쯤 양심의 가책을 느낀 적이 있지 않나요? 우리가 신뢰하는 주치의 선생님들과 건강 관련 웹사이트들은 여성의 경우 하루에 0.2L 이상, 남성의 경우 불공평하게도 최대 0.4L 이상의 와인을 마시지 않는 것이 좋다고 조언합니다. 꽤 많은 양인 듯 보이지만 저녁에 와인 한 잔씩 즐겨 마시는 분들이라면 이 정도는 금방 마신다는 걸

아실 거예요. 게다가 이 권장량은 통계에 따른 수치인데요, 다시 말해 어떤 간은 더 많은 양의 술을, 어떤 간은 더 적은 양을 소화할 수 있다는 이야기입니다. 자신의 간이 얼마나 건강한지 정확히 알려면 병원에서 혈액검사로 간 수치를 확인하는 수밖에 없습니다. 간이 싫어하는 것으로는 음주, 흡연, 과식, 특정 약물 및 바이러스를 꼽을 수 있습니다. 간 건강을 지키기 위해서는 절제된 생활 방식을 실천해야 합니다. 간기능을 활성화하는 데 효과적인 몇 가지 자연요법들도 활용할 수 있습니다. 특히 복부를 찜질하는 자연요법은 쉽게 따라 해보실 수 있을 거예요.

이런 효과가 있어요

- 몸과 마음을 이완해주는 미주신경(운동신경 역할을 수행하는 제10뇌신경*)이 활성화됩니다.
- 스트레스가 완화됩니다.
- 간과 쓸개의 혈액순환이 활발해집니다.
- 해독 및 지방분해가 촉진됩니다.

이렇게 하면 돼요

준비물

- 안쪽 수건(세안 수건이나 행주)
- 중간 덮개용 수건(대형 수건)
- 외부 덮개용 수건(담요)
- 보온 물주머니

방법

수건을 이용한 복부 찜질은 밤에 잠자리 들기 전에 하는 것이 가장 좋으며, 7분이면 충분합니다.

- 뜨거운 물을 채운 보온 물주머니를 준비한 후 손에 닿는 거리에 두세요(물주머니는 가득 채우지 마세요).
- 침대 위에 담요를 펴고 상복부 높이에 큰 수건을 깔아 나중에 누워서 몸을 감쌀 수 있도록 하세요.
- 세안 수건을 따뜻한 물에 담갔다가 꺼낸 후 물기를 꽉 짜주세요. 등을 대고 누워 젖은 세안 수건을 우측 갈비뼈 아래 간 부근에 올려두세요. 그 상태에서 큰 수건을 바짝 잡아당겨 세안 수건 위로 덮어주세요. 수건을 몸에 밀착시켜야 공기가 들어가 식어버리는 일이 발생하지 않아요.
- 담요로 복부와 몸을 감싼 후 보온 물주머니를 배 위에 올리세요.
- 그대로 주무셔도 괜찮고, 차갑게 식었을 때 옆으로 치워두셔도 좋습니다. 찜질이 끝나면 이불을 잘 덮고 푹 주무세요.

이런 효능이 있어요

간은 우리 몸의 독소를 걸러주는 가장 중요한 기관으로, 무게는 지방을 포함해 1.5~2kg 정도 되는 것으로 알려져 있습니다. 간은 혈액을 정화해 독성 물질을 제거해주며, 지방 분해에 중요한 쓸개즙을 생산합니다. 간이 과부하에 시달리면 피로감과 무력감, 신체 기능 저하가 나타납니다. 통증은 수반되지 않습니다.

수건을 이용한 복부 찜질은 습도와 열기를 전달해 혈액순환을 증가시키며, 이는 신진대사 과정에도 긍정적인 영향(단백질 형성, 비타민 저장, 당의 형태 전환 등)을 미칩니다. 해독 기능을 촉진하고 쓸개즙 분비를 원활히 하는 효과도 있으며, 마음의 안정도 가져다 줍니다.

스위스의 급성기병원 환자들을 대상으로 실시된 설문조사가 있는데요, 병원에서 치료 받는 동안 최소 1번 이상 젖은 수건을 이용한 복부 찜질 요법을 받은 환자들이 설문 대상이었습니다. 응답자의 70%는 이 요법을 받은 이후 전반적인 건강 상태가 상당히 또는 매우 뚜렷하게 개선되었다고 답했습니다. 담요나 수건을 이용한 온열 찜질 요법에 관한 14개의 연구 결과를 분석한 바에 따르면, 해당 요법은 통증 완화나 심신 안정 등 긍정적 효과를 보여준 것으로 나타났습니다.

[심신의학] 창의적인 휴식 시간

에너지 충전

간단 요약: 멀티태스킹은 이제 그만하세요. 여러분의 집중력을 말살시키거든요. 전화 통화를 하면서 이메일을 확인하고 다음 회의를 위한 메모를 하거나 저녁을 위한 장보기 목록을 작성하는 것은 무엇보다 스트레스와 정신적 소진을 야기합니다. 멀티태스킹은 고도의 지성을 상징하는 표지도, 시간을 절약하는 수단도 아니며, 오히려 반대로 집중력을 저하시킬 뿐입니다. 그래서 오늘 주어진 7분 동안에는 휴식을 취하고 아무것도 하지 않을 텐데요, 휴식은 스트레스를 감소시키고 머릿속에 새로운 창의력을 위한 공간을 만들어줄 거예요.

아이들이 아직 어렸을 때, 저는 종종 몸통에서 팔이 6개 더 자라난 고대 인도 여신 시바처럼 기저귀를 갈며 병뚜껑을 열고 전화를 할 수 있기를 바랐어요. 발생 가능한 사고를 막으며 이 모든 걸 하면서 동시에 온화한 미소를 띠고 있을 수 있기를 바랐죠. 그런데 제가 이때 더 바랐어야 하는 것은 8개의 머리였습니다. 최근 다수의 연구 결과에 따르면 멀티태스킹이라는 것은 전혀 제대로 작동되지 않는다고

합니다. 그저 뇌의 보상 시스템이 우리를 속이고 지금 우리가 모든 것을 제대로 해내고 있다고 은연중 믿게 만들기 때문에 멀티태스킹이 잘되고 있다고 생각할 뿐입니다. 사실은 실수를 하고 동시에 녹초가 되고 있는데도 말이죠. 진짜 효율적이고 창의적이 되기 위해서 필요한 마법의 단어는 '휴식 취하기'와 '할 일의 우선순위 정하기'입니다. 그러니 오늘은 이 페이지들을 읽고 7분 동안 휴식을 취해보세요.

이런 효과가 있어요

- 진정과 집중
- 스트레스로 인한 질병을 예방해줍니다.
- 창의력을 발휘할 수 있도록 만들어줍니다.

3.5분

이렇게 하면 돼요

● 집중력이 떨어질 때 또는 어떤 일부터 해야 할지 모르겠는데 모든 일을 완수해야 해서 여러 가지를 동시에 하려고 할 때, 이해하기 어려우시더라도 일단 휴식을 취해보세요. 알람을 맞추고 3.5분씩 2번의 휴식을 취하세요.

● 짧은 휴식 시간 동안 상쾌한 바람을 쐬러 나갔다 오든지 사무실을 잠시 걸어 다녀보세요. 창문을 열고 스트레칭을 하고 숨을 들이마시고 내쉬는 것도 좋습니다. 의식적으로 스트레스와 압박을 느낀 후 몸을 다시 진정시켜보세요. 숨을 깊게 쉬고 몸을 움직이는 것은 긴장을 완화해주고 사고를 발전시켜나갈 에너지를 부여해줍니다.

이런 효능이 있어요

지속적인 스트레스는 우리를 병들게 합니다. 이는 멀티태스킹을 하는 사람에게 특히 해당하는 이야기입니다. 너무 많은 일을 한 번에 하는 것이 시간적 압박이나 열악한 업무 분위기와 같은 다른 요인들과 장기간 결합되다 보면 집중력 저하, 지침, 피로로 이어질 수 있으며, 이는 번아웃 증후군, 심혈관 질환, 위장병, 허리 통증, 수면 장애에 이어 뇌졸중까지 야기할 수 있습니다.

그런데도 멀티태스킹은 오랫동안 이력서나 지원서에서 긍정적 요소로 간주되어왔습니다. 멀티태스킹은 집중력을 저하하고 이로 인해 업무 속도는 지연될뿐더러 생산성도 저하되며, 에너지를 소진해 더 빨리 지치게 만

듭니다. 우리 뇌는 복잡한 작업을 동시에 수행할 수 없고, 순차적으로만 할 수 있기 때문입니다. 한 연구에서는 피실험자들을 미디어 멀티태스킹(동시에 여러 개의 모니터와 기기로 작업 또는 게임)을 적게 하는 그룹과 많이 하는 그룹으로 분류해 실험을 진행했는데요, 멀티태스킹을 적게 하는 그룹의 피실험자들이 과제를 더 잘 해결하고, 더 높은 집중력을 보이고 속도가 더 빨랐으며, 과제들 간의 전환을 더 능숙하게 처리했습니다. 🔖

멀티태스킹을 할 때 뇌에서 벌어지는 일들은 다음과 같습니다. 이메일 회신과 같은 사소한 일이라도 처리를 하면 뇌의 보상 시스템이 작동하고 도파민 호르몬이 분비됩니다. 이런 지속적인 피드백은 위험합니다. 실제로는 별일을 안 했는데도 엄청 많은 일을 한 것처럼 은연중에 생각하게 되기 때문입니다. 멀티태스킹을 할 경우 스트레스 호르몬인 코르티솔(cortisol) 분비량이 증가합니다. 긴장 상태가 지속될 경우, 하루가 끝날 때쯤이면 지치고 정신적으로도 소진 상태가 되어, 잠들기도 어렵습니다.

스탠포드대학교의 연구 결과에 따르면 멀티태스킹을 할 경우 중요한 것과 중요하지 않은 것을 구분하는 능력도 잃어버리게 된다고 합니다. 창의력도 마찬가지고요. 따라서 휴식을 취하는 것이 가장 중요합니다.

휴식은 창의력을 충전해줍니다. 휴식은 심지어 육체적 활동과 정신적 활동이 바쁘게 결합하는 멀티태스킹과는 거리가 멂에도 불구하고 뇌의 성능까지 향상해줍니다. 🔖

[영양] 혈관 침전물을 막는 레몬·마늘 주스

혈관을 뚫어주는 주스 한 잔

간단 요약: 혈관은 몸속의 도로와 같아서 혈관 상태가 혈액 공급에 중요하게 작용합니다. 안타깝게도 나이 들면서, 혹은 건강하지 못한 식습관이나 운동 습관으로 인해 혈액 흐름을 저해하거나 막는 침전물이 생기는데요, 침전물들은 혈액 공급을 차단해 특히 뇌졸중과 심장마비의 발병 가능성을 위험 수치까지 증가시킬 수 있습니다. 오늘은 이를 예방하기 위한 레몬과 마늘을 섞은 주스를 권해드릴 거예요. 이 음료로 내 몸을 봄맞이 대청소하듯 깨끗이 해보세요. 몸을 치료한다고 생각하고 최소 6주 동안 마시면 집중적으로 몸을 재생시키는 효과가 있을 거예요. 아참, 레몬이 마늘 냄새를 중화해주기 때문에 냄새 걱정은 안 하셔도 됩니다.

〈하우프트자헤 게준트〉 프로그램을 진행하는 17년 동안 마늘은 우리의 단골 주제나 다름없었습니다. 분장실에서 최소 1팀 이상 "아, 이번에도 마늘을 조금 많이 드셨나 보네요?"라는 말을 주고받았습니다. 저와 대화를 나누는 동안 민감하게 반응하며 깜짝 놀라 뒤로 물러난 전문가들도 있었지만, 마늘은 우리가 많이 다룬 주제였습니다. 지난 20년간 이루어진 다수의 연구에서도 마늘에 대한 의견은 불필요하고 성가신 냄새를 유발하는 음식이라는 것과 건강 효능이 좋은 음식이라는 것 사이에서 왔다 갔다 했습니다. 오늘날에는 마늘의 다양한 효능이 증명되었고, 캡슐 형태로 복용할 수 있는 흑마늘(숙성된 마늘)은 특히나 건강 효능이 좋다고 알려졌습니다. 하지만 신선한 마늘 또한 그 모든 효능을 내 포하고 있어요. 준비해두세요. 매일 1잔씩 '원샷' 할 수 있는 가성비 좋은 방법을 알려드릴게요. 건배!

이런 효과가 있어요

- 혈관 침전물 형성 속도를 늦춰줍니다.
- 혈중 지질, 특히 콜레스테롤을 감소시킵니다.
- 혈압을 낮춰줍니다.
- 체중 감소에 도움이 됩니다.
- 살균 및 염증 완화 효과가 있습니다.
- 산화 스트레스로부터 보호해줍니다.

이렇게 하면 돼요

준비물

- 껍질을 벗기지 않은 유기농 레몬 3~5개
- 유기농 마늘 30쪽(마늘 약 3개)
- 물 1L
- 취향에 따라 레몬 1개를 라임 1개로 대체하거나 생강 1조각을 첨가해도 좋고, 후추및 강황 가루 1~2작은술을 넣어주셔도 좋습니다.

조리법

- 레몬을 뜨거운 물로 씻어 건조한 후 4등분해서 껍질째 믹서기에 넣어주세요. 마늘 껍질을 벗기고 물 500mL와 함께 믹서에 넣어갈아주세요. 취향에 따라 다른 재료를 첨가해도 좋아요.

- 냄비에 옮겨 넣고 남은 물도 마저 넣은 후 짧게 데우되 끓이지는 마세요. 음료를 더오랜 기간 보관할 수 있게 하려면 70도 정도면 충분합니다. 레몬에 함유된 비타민 C의 절반 정도가 제조 과정에서 손실되기는 하지만 중요한 성분은 과일 껍질에 들어 있습니다.

- 마지막으로 내용물을 식힌 후 촘촘한 체에 걸러주세요. 병에 옮겨 담은 후 냉장고에 보관하세요.

식사 후 병을 잘 흔들어 잔에 25mL를 따라 마시면 됩니다. 아침이나 점심식사 후 마시는 게 제일 좋습니다. 비타민 C가 다량 함유된 음료는 각성 효과를 지니고 있기 때문이죠. 주스를 3주 동안 섭취하고(약 20일간 드실 수 있는 양입니다) 1주 쉰 다음 다시 3주동안 드세요. 이 과정을 1년에 1회 하는 것이 가장 좋습니다.

이런 효능이 있어요

마늘과 레몬이 매우 효과 좋은 약용식물이라는 것은 지난 수 세기 동안 잘 알려져왔습니다. 2016년 이란에서 진행된 한 연구를 살펴보면 마늘과 레몬을 함께 섭취할 때 어떤 효과가 있는지를 알 수 있습니다. 지방 수치가 조금 높은 환자들에게 매일 마늘 20g과 레몬주스 1큰술을 8주 동안 복용하게 한 결과 콜레스테롤의 총량과 LDL 콜레스테롤('나쁜' 콜레스테롤), 염증 지표, 혈압, 체질량 지수(BMI) 모두 감소했습니다. 레몬과 마늘을 함께 섭취했을 뿐인데 말이죠! 🔍

마늘이 관상동맥 석회화를 둔화시킨다는 사실은 다른 연구들에서도 증명되었습니다. 마늘의 주성분인 알리신에 대해서는 이미 많은 연구가 이루어졌죠. 레몬에 함유된 비타민 C는 혈관을 손상시키는 산화 스트레스와 염증의 억제 효과가 있습니다.

[자아 성찰] 현명한 결정 내리기

장점과 단점 숙고하기

간단 요약: 오늘은 지금 이 시점부터 가능한 한 좋은 결정을 내릴 수 있도록 해주는 기술을 배울 겁니다. 머리뿐만 아니라 마음도 발언권을 가져야 본인에게 잘 맞는 현명한 결정을 내릴 수 있습니다. 이제 임박한 사안 또는 여러분을 기다리고 있는 일들에 대해 결정을 내려보세요. 먼저 장단점을 나열하고 그것이 얼마나 중요한지도 판단해보세요.

제 일기장은 제가 막 그려넣은 표로 가득합니다. 저는 결정을 내려야 할 일들이 다가올 때 매우 어려움을 겪는 편이거든요. 어떤 지역이 우리 가족들에게 가장 좋을지, 어떤 집을 구해야 할지, 우리가 정말 새 반려견을 입양하는 것이 좋을지, 아이들에게 어떤 학교가 가장 잘 맞을지, 새 책을 써야 할지 아니면… 하는 이런 결정들이요. 저는 이 표들을 모두 보관해두기 때문에 몇 년이 지나도 그때 왜 그런 결정을 내렸는지 알 수 있어요. 물론 과거의 그때보다 지금 더 현명해졌지만, 당시 모든 것을 적어보고 평가하고 한눈에 파악했던 과정이 도움이 되었다는 점을 지금도 종종 깨닫습니다. 좋은 점은 그사이 저에게 잘 맞는 시스템을 찾았다는 것이죠. 오늘 여러분은 이 시스템을 직접 해볼 거예요. 어렵지 않으니 결정 내릴 사안만 생각해두시면 됩니다.

이런 효과가 있어요

- 어려운 결정을 내릴 때 유용합니다.
- 머리와 마음이 하는 말을 모두 들을 수 있습니다.
- 왜 다른 선택을 하지 않고 이 결정을 내렸는지 나중에도 확인할 수 있습니다.

24

이렇게 하면 돼요

준비물
- 결정을 내려야 하는 개인 사안
- 종이 1장
- 연필 1자루
- 색연필 2자루

방법
- 선을 4개 그어 표를 만드세요.
- 표의 상단에 2개(또는 그 이상)의 선택지를 기입하세요.
- 좌측에는 플러스와 마이너스 표시를 그리세요.
- 이제 시작합니다. 각 선택지 밑에 떠오르는 모든 장단점을 적으세요. 긍정 요소는 플러스 칸에, 부정 요소는 마이너스 칸에 기입하세요.
- 이제 파란색으로 특별히 중요한 요소들에 밑줄을 그으세요. 장점이든 단점이든 상관없습니다. 사소하게 여길 수 없는 점들은 무엇일까요?
- 빨간색 색연필로 마음이 말하는 것에 밑줄을 그으세요. 어떤 점이 특히 좋게 혹은 나쁘게 느껴지나요?

이런 효능이 있어요

일단 어떤 칸이 더 가득 찼는지, 선택지마다 긍정적인 것과 부정적인 것 중 무엇이 더 많은지 한눈에 파악될 수 있을 거예요.

파란색 밑줄 표시를 통해 어느 칸에 이성적이고 합리적인 이유들이 더 많이 적혀 있는지 볼 수 있어요. 빨간색 밑줄을 그은 사항들이 종종 파란색과 겹치기도 하고, 겹치지 않을 때도 있죠. 하지만 빨간색 밑줄을 간과해서는 안 됩니다. 그 결정을 내렸을 때 어떻게 느낄지 유추해볼 수 있기 때문입니다. 1가지 위안이 되는 사실을 말씀드릴게요. 모든 칸이 비교적 동일하게 채워져서 도드라지게 권장되는 선택지가 없다면 어떤 선택을 하든 크게 잘못된 결정이 아니라는 말이니 안심하세요. 지금 내린 결정이 더 나은 것이었는지는 나중에야 알 수 있을 것입니다. 모든 상황이 우리의 뜻대로 되는 것은 아니죠. 🎏

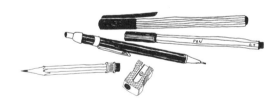

	붉은색으로 염색하기	삭발하기
+	• 새로운 시도 • 재미있음 • 대담해 보이는 효과	• 관리가 쉬움 • 앞으로 몇 달간 미용실 방문할 일이 없음
−	• 내가 가지고 있는 분홍 옷들과 어울리지 않음 • 분홍 머리가 될 수도 • 남편이 더 이상 나를 못 알아볼 가능성 • 창백해 보임	• 머리가 추움 • 많은 질문과 곱지 않은 시선 • 늙은 호박 같은 머리형에 잘 어울리는 머리는 아님

[운동] 몸과 마음을 위한 로큰롤

춤을 춥시다!

간단 요약: 오늘 우리는 춤을 출 거예요. 함께 탱고를 한판 출 사람을 찾기 위해 누구에게 얼른 전화를 걸어야 할지 고심할 필요는 없으니 걱정하지 마세요. 그저 방문을 닫고 춤이 절로 나오게 해주는 가장 좋아하는 노래를 찾은 다음 스피커 볼륨을 높이면 끝. 이제 7분 동안 자유롭게 춤을 추면 됩니다. 몸과 마음에 모두 유익한 정말 좋은 방법인 데다가 별다른 노력을 기울이지 않아도 머리에도 좋은 효과를 가져다줍니다. 그냥 춤만 추시면 돼요.

저희 집 거실에서는 종종 생명을 위협하는 일들이 벌어집니다. 다리가 휙휙 날아다니면 몸이 그 뒤를 따라 공중을 가르고, 거꾸로 물구나무를 선 사람도 있고 엉덩이를 유혹적으로 흔드는 사람도 있습니다. 유혹적인 게 뭔지도 모르면서요. 보통 음악을 정말 크게 틀어두는데, 다음 노래를 뭘로 할지 싸우는 소리가 그 큰 음악 소리를 덮습니다. 세 딸들은 〈네이키드(Naked)〉나 〈슛 미 다운(Shoot me down)〉처럼 제목이 이상한 노래들을 좋아합니다. 이런 노래의 가사들을 듣다가 얼굴을 붉히지는 않지만 손으로 귀를 막는 일은 많습니다. 딸들이 모두 등교하고 나면 그때서야 제 시간이 찾아오고, 비웃음 당할 걱정 없이 혼자 마음껏 춤출 수 있습니다. 제가 문을 열면 빨갛게 상기된 제 얼굴을 보고 집배원이 놀라는 경우가 있기는 하지만요. 자, 이제 오늘 7분 동안 무엇을 할지, 그리고 왜 이것을 해야 하는지 아시겠죠? 춤이 주는 효과는 정말 놀랍거든요.

이런 효과가 있어요

- 자극적이지만, 스트레스를 해소해줍니다.
- 기분을 좋게 해주고, (다른 사람과 함께할 경우) 사회적 교류를 촉진합니다.
- 근육과 유연성, 특히 균형 감각에 좋습니다.
- 협착된 근막 조직을 풀어줍니다.
- 기억 기능에 긍정적 영향을 미칩니다.

이렇게 하면 돼요

목록에서 제일 좋아하는 노래를 한두 곡 고르세요. 춤추지 않을 수 없도록 하는 곡으로요. 아니면 라디오를 크게 틀거나 TV 음악 채널을 켜세요. 머리를 흔들거나 발가락을 꼼지락거리기 시작했다면, 이제 어쩔 수 없는 거예요. 춤을 추세요!

이런 효능이 있어요

춤을 추는 것은 보기에만 즐거운 것이 아니라 몸을 건강하게 해줍니다. 게다가 엄청 재미있기도 해서 우리 마음에도 좋은 영향을 미치죠. 춤은 몸 전체의 근력을 길러주며, 근막 및 결합조직에도 좋습니다. 그 외에도 춤이 우리를 더 행복하게, 그리고 더 똑똑하게 만들어준다는 것은 연구로도 증명된 사실입니다. 음악에 맞춰 몸을 움직이면 우리 몸은 행복 호르몬, 특히 엔도르핀과 도파민을 다량 방출합니다. 이렇게 다방면으로 자극받은 뇌는 심지어 신경세포들을 연결하는 시냅스를 새로 만들어내기도 합니다.

⑥ 독일 보훔 루르대학교의 연구원들은 2008년부터 춤이 우리 건강에 미치는 영향을 연구했는데요, 춤을 추는 사람들이 더 행복할 뿐만 아니라 반응속도도 더 빠르고 유연하며, 집중력도 높다는 사실을 밝혀냈습니다. 1주일에 1시간만 춤을 춰도 이런 효과를 볼 수 있다고 합니다. 프리스타일이든 탱고든 춤은 근육 운동과 집중력, 장기 및 단기 기억력을 요구하는 복합적인 활동입니다. 독일 올덴부르크대학교의 음악심리학자 군터 크

로이츠 같은 전문가들은 춤을 처방하기도 할 정도입니다.

좋은 것은 이를 시행하기 위해 춤 수업에 참여해 스텝을 배울 필요가 없다는 점입니다. 그냥 라틴아메리카 사람들처럼 춤을 추며 엉덩이를 흔들어보세요. 열정만 있으면 됩니다.

춤은 그 밖에도 특별한 치유 효과도 가지고 있습니다. 파킨슨병 환자들을 대상으로 실시한 한 조사 결과를 보면 파킨슨병의 전형적 증상인 떨림 증세가 춤 동작 치료를 통해 완화되었음을 알 수 있습니다. 춤은 노년기에도 새로운 신경세포 형성을 촉진하기 때문에 치매 발병 위험성을 약 20% 감소시킬 뿐만 아니라 치매 진행을 저지하기도 합니다. 춤은 근육을 이완시켜 만성 통증에도 효과가 있으며, 경직을 풀어줍니다. 또한 혈액 내 코르티솔 호르몬 수치를 감소시켜 몸의 긴장이 풀리는 것을 확실히 느낄 수 있게 해주죠. ⑥

자존감 또한 춤을 통해 강화될 수 있습니다. 베를린 필하모니 음악감독이자 스타 지휘자였던 사이먼 래틀은 2004년 춤 프로젝트 〈리듬 이즈 잇(Rhythm is it)〉의 일환으로 6주 동안 소외계층 청소년들과 스트라빈스키의 〈봄의 제전〉을 연습한 후 무대에 올렸습니다. 놀랍게도 청소년들은 이 프로그램을 통해 사회적 역량과 공동체 정신을 강화하고 자존감도 다시금 강화할 수 있었다는 것이 밝혀졌습니다.

Tip 6

[나와 당신]

다른 사람들의 곁에 있어주고 선행을 실천하기

매일 선행 베풀기

간단 요약: 우리는 누군가의 생일이나 크리스마스에만 다른 사람들을 위해 좋은 일 하기를 원하지는 않습니다. 사실 다른 사람들을 행복하게 해주고 싶다는 욕구는 우리 마음 깊은 곳에 뿌리내리고 있습니다. 다수의 연구는 타인에게 선행을 베풀거나 도움을 주는 사람은 스스로도 보상을 받는다는 것을 보여주고 있습니다. 오늘 다른 사람들에게 친절함을 보이며 조금 더 행복해지세요. 7분의 시간을 이용해 누구에게 어떻게 좋은 일을 해줄 수 있을지 고민해보세요.

몇 년 전 호주에 막 정착하기 시작했을 즈음 마트에서 계산하려고 하는데 갑자기 신용카드로 결제되지 않던 날이 있었어요. 평소라면 그렇게 나쁘진 않았을 텐데 그날은 하필 카트 가득 장을 본 데다가 그중에는 냉동식품도 많았어요. 더욱이 세 어린 딸들은 아이스크림 봉지를 이미 뜯어버린 상태였죠. 계산대의 직원이 제일 가까운 은행에 가는 길을 알려주었는데 차로도 10분이 걸리는 거리였고, 딸들은 아이스크림을 포기하려고 하지 않았어요. 제 뒤의 줄은 계속 점점 더 길어졌고요. 그런 상황들 있잖아요. 그런데 그때 어떤 여자분이 다가오시더니 제가 장본 것을 다 결제하셨어요. 갚으려고 했지만 그분은 거절하면서 "대신 나중에 누군가를 위해 선행을 베푸세요"라고 말씀하셨어요. 그때를 생각하면 아직도 소름이 돋아요. 난감한 상황이 특별한 순간으로 바뀐 거죠. 오늘 세상을 조금 더 아름답게 만들 기회가 여러분에게 주어질지도 모릅니다.

이런 효과가 있어요

- 타인과 연결될 수 있어요.
- 스트레스가 해소됩니다.
- 건강이 증진됩니다.
- 기분이 좋아집니다.

이렇게 하면 돼요

다른 사람들에게 선행을 베풀 수 있는 여러 방법을 제안드려볼게요. 멀리서라도 무언가를 하고 싶고, 가능한 상황이시라면 아래 방법들은 어떨까요?

- 구호단체(옥스팜, 환경단체, 유니세프 등)에 기부하세요.
- 해외 아동 후원 결연을 맺거나 국내 취약계층 아동 후원을 시작하세요.
- 헌혈을 위한 예약을 잡으세요.

이런 방법이 아니더라도 작은 도움이나 배려를 실천할 수 있는 방법은 수없이 많습니다. 하루 동안 도움을 필요로 하는 사람이 있는지 주의를 기울이고 그런 상황을 만나면 손을 내밀어보세요.

- 마트 계산대에서 소량 구매를 하려는 뒷사람이 있다면 양보를 해보세요(꼭 대신 계산을 해주셔야 할 필요는 없죠☺).
- 다른 사람들을 배려하세요.
- 유모차와 함께 버스에 탑승하려고 하거나 우는 아이 때문에 쩔쩔매는 젊은 어머니가 있다면 도와주세요.

이런 효능이 있어요

타인을 돕고 무언가를 선물하는 것은 사람들을 행복하게 해줍니다. 이 부분에서는 연구 결과와 활동가들 사이에 이견이 없습니다.

선행이 우리에게 그토록 좋은 이유는 우리가 사회적 존재이기 때문입니다. 충만하고 건강한 삶을 위해 좋은 인간 관계가 매우 중요하다는 것은 하버드대학교의 유명한 '그랜트·글루엑 연구'에서도 나타납니다. 700명 이상의 사람들을 대상으로 거의 80년 동안 이루어진 이 연구는 이제 다음 세대를 대상으로 계속 이어져나갈 전망입니다.

긍정심리학에서도 인간애를 6가지 미덕 중 하나로 꼽는데요, 인간애에는 친절, 사회적 지능, 사랑을 주고받는 것이 포함됩니다. 타인과의 긍정적인 교류는 우리의 인간애를 강화하고, 행복을 증대해줍니다.

도움을 주는 것은 멀리서도 가능한 일입니다. 돈이 많은 사람은 돈을 적게 가진 사람보다 실제로 조금 더 행복하다는 연구 결과가 있습니다. 하지만 돈의 지출 방식도 이에 못지않게 행복에 중요하게 작용하는데요, 자기 자신을 위해서보다 남을 위해 돈을 지출하는 사람이 느끼는 행복이 더 큰 것으로 나타났습니다. 미국 로마린다대학교에서 진행한 심리 연구에 따르면 기부자들에게서는 다양한 행복 호르몬(도파민, 엔도르핀, 세로토닌, 옥시토신)이 분비되었으며, 동시에 스트레스 호르몬 수치는 감소한 것으로 나타났습니다. 선행을 베푸는 것에 있어서 가장 좋은 점은 이런 전달 물질 중 도파민 등 일부는 선행에 대한 칭찬 여부와 관계없이 분비된다는 것이죠. 📖

적극적인 행동을 직접 실행으로 옮길 경우 우리는 기쁨을 경험하고, 감사의 말을 듣고, 아마 포옹도 경험할 수 있을 거예요. 하지만 멀리서 도움을 주는 것도 즐거움을 안겨주죠. 좋은 일을 하면 세상이 조금 더 나아지기 때문입니다. 이러한 선행은 항상 우리 스스로에게도 긍정적인 영향을 준답니다.

[뷰티]
열 손가락을 위한 안티에이징 프로그램
어디 손 한번 좀 봅시다

손은 종종 명함처럼 간주되기도 합니다. 사람들은 누군가의 실제 나이를 얼굴보다 손(또는 발)을 통해 훨씬 더 명확하게 예측할 수 있습니다. 그러니 오늘은 특히 손에 주의를 기울여 보세요. 타이핑하거나 청소하고 작업하는 데만 사용하지 마시고요. 오늘은 평소와는 조금 다르게 손을 움직이고 특별 케어를 해보세요. 오늘 드리는 팁은 손 근육을 강화하고 여러분이 오랫동안 더 젊어 보일 수 있도록 해줄 거예요.

저는 안타깝게도 손에 특별히 주의를 기울이는 사람은 아닙니다. 저는 제 손을 좋아하고, 제 손도 제가 원하는 일을 대부분 기꺼이 수행하기는 하지만 제가 더 나이 들어 보이게 하는 것도 좋아하는 것 같아요. 처음 그랬던 건 30대 후반의 어느 날이었어요. 그때 이상한 테스트들이 유행하기 시작했는데 생물학적 나이, 소위 '진짜' 신체 나이를 측정하는 테스트였어요. 저는 당시 생방송에서도 이 테스트를 통과할 수 있으리라 확신했죠. 모든 것이 계획에 따라 진행되고 있었는데 하필 제 손이 저를 나이 들어 보이게

했습니다. 약간 소시지처럼 생기기도 한 손가락은 제 나이에 가지고 있어야 할 만큼의 힘을 지니고 있지 못했고, 이 점이 전체적인 신체 나이를 치솟게 했습니다. 하지만 이게 다가 아닙니다. 마흔이 되고 얼마 지나지 않아 몇몇 여자 친구들이, 게다가 남자 친구들도 나이에 대해 이야기하며 제 손가락을 보기 시작했어요. 그리고 조심스럽게 제 건성 피부와 관련해 뭔가를 해봐야 할 것 같다고 조언을 해주었습니다. 혹시 여러분도 그런 이야기를 들었지만 아직 아무것도 안 하셨다면 오늘 드릴 놀랍고도 효과적인 손 관리 팁을 실천해보세요.

이런 효과가 있어요
- 손의 얇은 피부를 보호합니다.
- 보습 효과가 있습니다.
- 움직임을 촉진합니다.
- 젊어 보이게 하고, 손 근육을 강화합니다.

30

이렇게 하면 돼요

준비물

- 버터밀크 300mL
- 올리브 오일 2큰술
- 속이 깊은 그릇
- 작은 수건

방법

- **힘 기르기**: 양팔을 앞으로 뻗고 주먹을 쥐었다가 빠른 속도로 다시 힘껏 펴세요. 1분 동안 반복하세요.

- **관리**: 버터밀크 300mL에 올리브 오일 2큰술을 넣어 섞은 다음 살짝 데우고 손을 담그세요. 버터밀크 오일이 피부에 스며들도록 4분간 손을 담근 채 마사지하세요. 마지막으로 피부 표면에 남은 오일을 잘 두드려 흡수시켜주세요. 피부가 정말 부드러워질 거예요.

이런 효능이 있어요

잘 관리된 피부와 다듬어진 손톱은 우아하고 세련되어 보이게 해줍니다. 굳은살과 건조한 피부, 갈라진 큐티클은 바쁜 일상생활을 나타내기도 하지만 손에 대한 관심이 부족하다는 것을 보여주는 지표이기도 합니다.

손이 하는 일이 굉장히 많습니다. 우리에게 중요하고 민감한 신체 부위임에도 불구하고, 우리는 인사할 때, 화해할 때, 삶에 대한 유대감을 표시할 때 손을 사용합니다. 제스처를 취할 때면 손이 특정 의미를 전달하기도 하고, 손으로 만지고, 쓰다듬고, 가로막고, 붙잡고, 쥐고, 꼬집고, 권투도 합니다. 수작업으로 하는 모든 활동에도 손을 필요로 하고요.

이렇게 일생 동안 극심한 혹사를 당함에도 불구하고 손의 표피는 얇고, 피지선과 피하 지방 조직도 적기 때문에 피부에 자체적으로 공급되는 지방의 양은 많지 않습니다. 이런 상황에서 손은 햇빛, 추위, 물, 비누, 청소 용품 등 많은 것을 견뎌내야 하죠.

우리의 손은 하나의 완전한 예술 작품이라고 할 수 있습니다. 3개의 신경, 27개의 뼈, 17,000개의 감지기, 33개의 근육과 다양한 힘줄로 구성된 손은 신체에서 가장 복잡한 기관 중 하나이며, 혀 다음으로 가장 민감한 촉각기관입니다. 얼굴, 목과 함께 가장 많이 노출되는 신체 부위일 뿐만 아니라 개성을 부여해주는 부위이기도 하죠. 고대 사람들은 손이 그 사람의 성격과 미래를 말해준다고 믿었습니다.

확실한 것은 손은 항상 건강 상태를 보여주는 거울과도 같다는 점입니다. 다양한 질병과 체내 결핍은 손가락 및 손톱의 형태와 색, 구조, 악력의 변화를 유발합니다. 악력을 정기적으로 강화하면 안티에이징 효과를 볼 수 있을 뿐만 아니라 심지어 더 오래 살 수 있다는 연구 결과도 있습니다. 악력이 강한 사람들은 노년기에 순환기 질환으로 고통받을 확률도 낮다고 합니다. 인지능력 또한 강한 악력과 관련이 있는 것으로 보입니다. 🔳

닻 내리는 날

첫 주가 지났네요. 그동안 7개의 분야별로 팁을 하나씩 실천해보았는데요, 마음에 들었거나 그저 그랬거나 별로였던 팁이 있으신가요? 스마일 표시를 통해 점수를 매겨보세요.

Tip 1　　**건강: 간을 위한 응급 처치**
따뜻하게 감싸기(18쪽)　　☺ ☹ ☹

Tip 2　　**심신의학: 창의적인 휴식 시간**
에너지 충전(20쪽)　　☺ ☹ ☹

Tip 3　　**영양: 혈관 침전물을 막는 레몬·마늘 주스**
혈관을 뚫어주는 주스 한 잔(22쪽)　　☺ ☹ ☹

Tip 4　　**자아 성찰: 현명한 결정 내리기**
장점과 단점 숙고하기(24쪽)　　☺ ☹ ☹

Tip 5　　**운동: 몸과 마음을 위한 로큰롤**
춤을 춥시다!(26쪽)　　☺ ☹ ☹

Tip 6　　**나와 당신: 다른 사람들의 곁에 있어주고 선행을 실천하기**
매일 선행 베풀기(28쪽)　　☺ ☹ ☹

Tip 7　　**뷰티: 열 손가락을 위한 안티에이징 프로그램**
어디 손 한번 좀 봅시다(30쪽)　　☺ ☹ ☹

오늘은 여러분 맘에 들었던 팁을 다시 한 번 해보세요. 반복을 통해 더 쉽고 간편하게 할 수 있는 팁들도 있을 거예요. 오늘 7분밖에 시간이 없다면 가장 좋았던 팁을 고르고 나머지는 다음 닻 내리는 날에 할 수 있도록 표시해두세요. 중간 점수를 준 팁들은 나중에 한 번 더 해보고 잘 맞는지 결정하셔도 괜찮습니다. 마음에 든 팁이 아예 없다면 오늘은 쉬면서 다음 주 팁들을 살펴보세요.

리뷰

어떤 팁들이 마음에 들었고 별로였는지 이곳에 기록하고 이번 주에 경험한 것을
메모해보세요.

가장 마음에 든 팁과 그 이유:

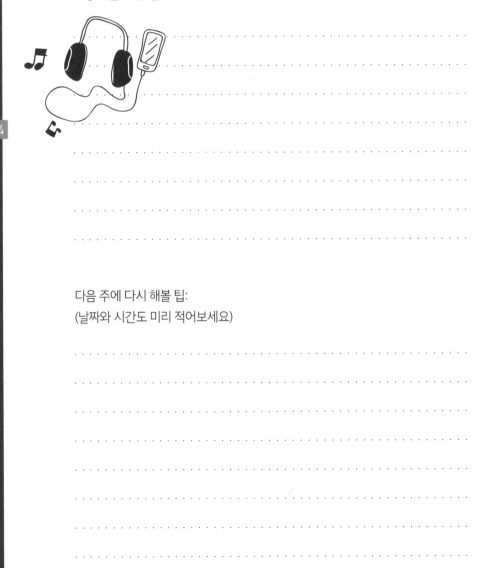

다음 주에 다시 해볼 팁:
(날짜와 시간도 미리 적어보세요)

언젠가 다시 해보고 싶은 팁:

· ·

· ·

· ·

· ·

· ·

· ·

· ·

· ·

· ·

별로였던 팁과 그 이유:

· ·

· ·

· ·

· ·

· ·

· ·

· ·

· ·

이미 정기적으로 하고 있는 팁:

· ·

· ·

· ·

· ·

의견:

· ·

· ·

· ·

· ·

· ·

복부 찜질을 위한
건강 관련 추가 팁

복부 찜질을 다시 하고 싶으시다면 야로우 허브를 사용해 효과를 강화해보세요. 야로우 차는 간 활동을 촉진하고 손상을 예방하며, 자율신경 불균형으로 인한 피로(정말 너무 피곤하다고 느낄 때) 회복에 효과가 좋습니다.

야로우 차를 준비하는 법: 야로우 허브 1큰술을 1.5컵 분량의 끓지 않는 뜨거운 물에 넣고 10분 동안 우려낸 후 가는 체에 걸러내세요. 1컵은 마시고, 남은 차에는 2겹으로 접은 세안 수건을 담그세요. 물기를 꼭 짜낸 후 복부에 직접 닿도록 배 위에 올리고 그 위를 큰 수건으로 덮으세요. 국화과 식물에 알레르기가 있거나 임신 중인 경우 따라 하지 마세요.

2주차를 위한 준비

2주차 팁을 위한 재료 및 도구

- 올리브 오일, 참기름, 해바라기유 또는 아마인유
- 식물성 음료나 우유 300mL
- 강황 가루
- 생강 뿌리 1조각(약 2cm 크기)
- 그라인더로 갈아낸 검은 후추
- 시나몬 가루
- 넛맥(육두구) 분말
- 아가베 시럽 또는 꿀

2주차

매일 행복한 인생을 만들려면

• • •

이번 7일 동안에는 정말 간단하면서도

다양한 효과를 누릴 수 있는 치아 관리 루틴,

마음을 차분히 진정시키고자 할 때 좋은 방법,

맛있는 디톡스 음료 제조법,

세상을 더 나은 곳으로 만드는 작지만 효과적인 방법,

근력을 기르는 고효율의 미니멀 운동법,

산책하면서 인간관계를 심화하는 법,

몇 살은 더 어려 보이게 해주는

특별한 페이스 요가를 배울 거예요.

[건강] 오일 풀링

다양한 효과를 기대할 수 있는 치아 관리 루틴

간단 요약: 고대 인도의 전통 자연의학인 아유르베다 경전에는 매일 오일 풀링(식물성 오일로 가글링 해 독소를 배출하는 건강관리법*)을 하면 치아의 불순물이 감소하고 잇몸 질환을 예방할 수 있을 뿐만 아니라 심장 질환도 막을 수 있다고 기록되어 있습니다. 좋은 식물성 오일 1~2큰술을 입에 머금고 2~5분 동안 치아 사이사이로 가글링 하세요. 가글이 끝나면 뱉어낸 후 양치하고 물로 헹구세요.

솔직히 말씀드리면 처음에는 오일 풀링을 하려면 조금 인내심이 필요할 수도 있어요. 하지만 그렇게 어렵지는 않습니다. 처음 해볼 때 너무 많은 양의 오일로 시도하지 않는 것이 중요해요. 너무 많이 하면 힘들 수 있거든요…. 처음에는 저도 사실 참기 힘들었는데 '참아, 숨 계속 크게 쉬고. 인도 사람들의 절반이 이걸 해냈다면, 너도 할 수 있어'라고 혼자 되뇌었어요. 그리고 볼에 너무 많은 공기를 넣지 말고 홀쭉하게 유지하세요. 그럼 침이 분비되며 알아서 저절로 불어날 거예요. 저는 요즘 오일 풀링을 할 때 '가글'이 다 끝날 때까지 식기세척기를 정리하거나 제가 좋아하는 다른 집안일을 하며 시간을 활용하고 있어요.

이런 효과가 있어요

- 구강과 인두 내 세균을 줄여줍니다.
- 플라그와 치은염(치주 질환)을 감소시킵니다.
- 민감한 치경부의 통증을 완화시킵니다.
- 심장 질환 발병 위험을 낮춥니다.

40

이렇게 하면 돼요

준비물

올리브 오일, 참기름, 해바라기유 또는 아마
인유 1~2큰술

방법

- 오일 1~2큰술을 입에 털어넣되 삼키지 마
  세요. 안타깝게도 별로 맛은 없거든요.
- 오일을 입안 이쪽에서 저쪽으로 천천히 굴
  리세요.
- 오일을 치아 사이로 밀고 당기는 동작을 약
  2~5분 동안 또는 더 오래 반복하세요. 침이
  분비되면서 오일이 천천히 특성을 잃고 질
  감도 바뀔 거예요.
- 마지막으로 오일을 뱉어내세요. 이제 오일
  이 흰빛을 띠고 있을 거예요.
- 평소대로 양치하고 깨끗한 물로 입을 헹구
  세요.

치아 미백과 잇몸 건강을 위한 이 비밀 레시
피는 인도의 전통 자연의학인 아유르베다 경
전에 기록되어 있는 것으로, 치료 요법처럼
3~4주의 기간 동안 하는 것이 제일 좋고, 잇
몸에 염증이 생겼을 때는 응급처치 요
법으로 사용해도 좋아요. 기호
에 따라 참기름, 해바라기유,
올리브 오일, 아마인유를
번갈아 사용해도 됩니다. 앞
으로 아침에 양치하기 전에 오
일 풀링을 계속할 수 있을지 오늘 한
번 시도해보세요. 매일 하지 않더라도 반
복적으로 하면 좋습니다.

이런 효능이 있어요

저온 압착 방식으로 짜낸 좋은 오일을 인도
전통 자연요법에서는 중요하게 여깁니다. 독
소 배출을 위한 오일 풀링은 아유르베다에서
수천 년 동안 전해 내려오는 요법인데 보통
참기름이 사용되었습니다. 오일 풀링은 러시
아 민간 의학에서도 인기가 있는데요, 러시
아에서는 해바라기유를 사용합니다.

오일 풀링은 불순물, 특히 구강 및 인두 내
세균 제거를 촉진합니다. 치아 사이로 오일
을 밀고 당기는 것은 침샘 활동을 자극합니
다. 침에는 병원체를 막는 데 중요한 특정 단
백질체가 들어 있는데, 박테리아의 세포벽
을 파괴하는 라이소자임이 그 가운데 하나
입니다.

오일 풀링은 구강 내 독소와 세균을 제거하
면서 우리 몸에서 감염의 싹을 신속히 잘라
내는 것을 도와줍니다. 동시에 오일의 식물
성분은 생체 활성을 돕고 세포를 보호하며
잇몸에 영양을 공급해줍니다. 이것은 중요
합니다. 우리 입은 몸으로 통하는 가장 중
요한 관문이기 때문입니다. 잇몸 염증 질환
인 치은염을 예방하면 치아 건강에도 좋을
뿐 아니라 심장 질환, 특히 심장염 및 심장
판막증에 걸릴 위험성을 낮춘다는 연구 결
과들도 있습니다. 🔘

[심신의학] 조각배에 생각 띄우기

마음의 안정 찾기

간단 요약: 잠을 자는 것은 시간을 허비하는 것이 아니라, 에너지를 충전하는 것입니다. 사실, 잘 자는 사람들은 정신이 맑을 뿐만 아니라 더 여유롭고 건강합니다. 그러나 숙면을 취하기란 종종 아주 어려운 일이 되곤 합니다. 하루의 스트레스가 아직 몸 깊은 곳에 남아 있기 때문입니다. 오늘은 평소보다 깊이 잠드실 수 있도록 간단하지만 효율적인 잠들기 연습법을 알려드릴게요. 머리가 베개에 닿자마자 시작하시면 됩니다. 7분 동안 복잡한 생각을 조각배에 얹어두고 상상 속에서 강의 물줄기를 흘려보내세요. 마음의 짐을 내려두고 긴장을 푼 상태에서 잠드시면 됩니다.

저는 보통 곰처럼 깊이 잠을 잡니다. 남편 말로는 곰 같은 소리를 내며 잘 때도 있다고 하더군요. 진짜 곰 옆에서 자본 적은 있는지 모르겠지만요. 아마 곰들이 저처럼 매우 조용히 자나 봐요. 잠을 안 자는 건 우리 쌍둥이들이에요. 쌍둥이들의 공통점은 서로를 깨운다는 것이죠. 한 명이 울면 다른 한 명이 '경고다!'라고 생각하고 바로 울기 시작합니다. 그러면 항상 두 아기를 동시에 돌보기에 팔 2개는 너무 부족하다고 느꼈습니다. 이렇게 아기들이 울면 잠자기는 더 이상 틀린 것이고. 이런 상태가 몇 년간 지속되었습니다. 아주 작은 소리에도 벌떡 일어나곤 했어요. 그러면 낮 동안에는 피곤에 절어 있게 되죠. 숙면을 취하지 못하는 것은 매우 힘든 일이죠. 그런데 이를 개선하기 위해 취할 수 있는 방법들이 있습니다. 아이들이 크고 나면 우리의 잠을 방해하는 건 머릿속 생각들일 때가 많죠. 우리가 낮 동안 겪는 문제를 밤에 해결할 수 없는 건 자명합니다. 오늘 여러분은 "그만! 일단 푹 자고 내일 생각하자"라고 말하고 나서 얼른 조각배에 생각을 띄워야 합니다. 그다음엔 푹 주무시는 거예요!

이런 효과가 있어요

- 뇌가 중요하지 않은 일들은 걸러내고, 중요한 것은 저장합니다.
- 치유와 회복이 일어납니다.
- 면역 체계가 활성화됩니다.
- 세포가 재생산됩니다.

이렇게 하면 돼요

낮잠이든 밤잠이든 상관없습니다. 오늘은 잠을 방해하는 생각의 고리에서 벗어나 잠들 수 있도록 시도해볼 거예요. 편안하게 누워서 눈을 감고 차분히 숨을 쉬어보세요. 복부로 깊게 호흡하며 자연스러운 리듬에 맞춰 숨이 들어왔다가 나가게 하세요. 다른 생각이 방해하려고 한다면 생각을 들여다본 후 상상 속 종이에 적으세요. 이제 종이를 접어 종이배를 만드세요. 시냇물에 종이배를 띄우고 물이 어떻게 흘러가는지 지켜보세요. 조각배가 멀어질수록 여러분을 방해하는 생각도 멀어지는 거예요. 계속 호흡에 집중하며 마음의 안정을 찾으세요. 또 다른 생각이 방해하려 하면 다시 시냇물로 흘러보내세요. 긴장을 풀고 천천히 계속 반복하세요.

이런 효능이 있어요

독일에서 3명 중 1명은 수면 장애를 가지고 있습니다. 잠에 들지 못하거나, 취침 시간 동안 깨어 있거나 골똘히 다른 생각을 하는 것이죠. 이러한 수면 장애는 스트레스 호르몬 수치의 증가, 불규칙적인 혹은 건강하지 못한 생활 방식, 통증 또는 교대 근무 체제 등으로 발생하는 경우가 많습니다. 신체 기관들이 시급히 필요로 하는 휴식이 사라져버리죠. 몸이 회복할 수가 없으니 낮 동안의 시간도 능률적이지 못합니다.

그렇다면 수면은 어떤 기능을 할까요? 수면 시간 동안 우리 몸은 세포를 재생산하고 상처를 치유하고 언어, 자전거 타기 또는 피아노 연주 등을 저장하며, 독소를 제거하고 새로운 에너지를 충전합니다. 이 모든 것은 우리가 잠자고 있는 동안 일어나죠. 우리는 잠이 드는 순간조차 알아채지 못합니다. 밤의 재생산 과정이 없다면 뇌는 정보 분류 작업을 하지 못하고, 우리는 오래 살아남지 못할 겁니다. 이 모든 과정은 호르몬과 전달 물질 등을 통해 일어납니다. 그중 하나가 수면 호르몬인 멜라토닌이죠. 생체 시계에 매우 중요한 멜라토닌은 수면-각성 리듬과 밀접한 관계가 있습니다. 멜라토닌은 몸에 신호를 보내 신진대사를 회복 모드로 전환시키고 면역 기능을 활성화시킵니다.

이 프로세스는 생체 시계에 의해 제어됩니다. 예를 들어 밤이 되면 성장 호르몬 분비가 강화되고, 몸의 회복이 진행됩니다. 아침에는 코르티솔 분비가 활성화되어 하루를 상쾌하게 시작할 수 있게 됩니다. 2017년에는 이 생체 시계 메커니즘에 관한 수십 년간의 연구가 노벨생리의학상을 수상했습니다.

이런 모든 일을 해내기 위해 우리 몸은 낮 동안과 마찬가지로 밤에도 에너지가 필요합니다. 이 에너지는 지방세포에 저장된 것으로부터 충당합니다. 이러한 이유로 야간 수면을 통한 휴식은 간헐적 단식(154쪽 참고)을 할 때 신진대사 속도 완화를 위해 자주 이용됩니다. 따라서 잠을 방해하며 스트레스를 유발하는 생각들은 조각배에 띄워 멀리 흘러보내는 것이 좋습니다. 📖

[영양] 황금 우유

항염 효과가 있는 데다가 맛있기까지 한 디톡스 음료

간단 요약: 아유르베다 의학의 인기 있는 건강 레시피 중 하나는 강황을 넣은 우유입니다. 건강을 증진해주는 황금 우유를 종종, 아니면 매일 마셔보세요. 강황은 현대의 만병통치약 이라고 할 수 있는데요, 규칙적으로 섭취할 경우 매우 다양한 효과와 근본적인 변화가 나타 난답니다. 나중에 하루 식사 계획에 포함시킬 수 있을지 오늘 한번 만들어 마셔보세요.

강황은 자연요법에서 몸의 내적, 외적 치유를 위한 재료로 다양하게 활용됩니다. 마치 아스테릭스에 등장하는 마법 물약과도 같죠. 강황처럼 연구가 많이 이루어지는 식물도 없을 거예요. 게다가 강황은 매우 다양한 분야에서 긍정적인 효과를 보이고 있습니다. 거의 불로장생의 명약이자 특효약과도 같아요. 여기서 정말 무얼 더 기대할 수 있을까요? 강황을 매일 일상적으로 복용해보세요. 정말 그렇게 다양한 긍정적 효과가 나타나는지 시도해볼 가치가 충분하다고 생각합니다. 강황은 1.5~3g 정도 복용할 때 효과적인데, 4g 이상부터는 위에 부담이

되며, 복통을 야기할 수 있습니다. 1~3작은 술이 적당합니다. 신선한 강황 뿌리는 노란 얼룩을 남기기가 쉽기 때문에 가루로 된 것을 추천합니다. 자, 이제 인기 있는 황금 우유에 대한 제 레시피를 알려드릴게요. 호주에서도 매우 인기 있는 강황 라떼(강황 밀크 커피)인데요, 커피에 강황, 시나몬, 후추를 넣어 만듭니다. 참, 저희 집의 노쇠한 말도 관절 통증을 줄이기 위해 수의사에게 강황(사료에 가루를 섞습니다)을 처방받아 매일 복용하고 있어요.

이런 효과가 있어요

- 소염 및 통증 완화 효과가 있습니다.
- 위장 질환에 좋습니다.
- 콜레스테롤을 낮춰줍니다.
- 뇌를 보호합니다.
- 혈관을 보호합니다(항염).
- 뇌 기능을 활성화합니다.
- 면역 체계를 강화하고, 이를 통해 암을 예방해줍니다.

이렇게 하면 돼요

재료는 가능하면 유기농으로 준비하고, 우유나 식물성 음료(아몬드 우유, 두유, 귀리 우유 등)를 사용하세요. 소화에 문제가 없다면 우유를 사용하셔도 좋습니다. 강황의 치료 효과를 활성화시키는 데 중요한 3가지는 따뜻한 온도, 지방, 후추입니다.

재료

- 우유/식물성 음료 300mL
- 강황 가루 1~3작은술
- 생강 조각(약 2cm 크기. 더 많이 사용할수록 매콤한 맛이 강해집니다)
- 그라인더로 갈아낸 통후추 1/4작은술
- 시나몬 파우더 1/4작은술
- 넛맥 분말 한 꼬집
- 아가베 시럽 또는 꿀

방법

재료를 믹서기에 넣거나 큰 용기에 담아 핸드믹서를 사용해 농도가 고와질 때까지 갈아주세요. 우유가 따뜻할 때 맛과 효과가 제일 좋습니다. 우유 거품기를 이용해 우유를 데우고 거품을 내는 것이 가장 간편할 거예요.

이런 효능이 있어요

고대 인도의 아유르베다 의학에서는 황금 우유를 수천 년간 치유, 자극, 정화의 음료로 여겨왔습니다. 하지만 매일 2~3작은술의 이 슈퍼푸드를 우리가 먹는 음식에 접목시키는 것은 쉽지 않습니다. 황금 우유의 효과는 건강을 위해 필요한 강황을 매일 섭취할 수 있다는 점이에요. 게다가 맛도 정말 좋고요. 생강, 시나몬, 넛맥과 같은 향신료와 꿀은 취향에 따라 조절해 넣어주세요.

우유에 함유된 지방이 지용성인 커큐민이 잘 흡수되도록 도와줍니다. 후추와 따뜻한 온도는 황금 우유가 최대 효과를 발휘할 수 있도록 해줍니다. 강황은 위 관련 질환과 메스꺼움, 식욕부진, 복부팽만감, 소화기관 내 염증 치료에 탁월하다고 알려져 있으며, 소염, 진통 효과 또한 연구 결과를 통해 잘 알려져 있습니다. 믿기 어려운 진실을 하나 말씀드릴게요. 연구에 따르면 강황을 주기적으로 섭취할 경우 진통제인 이부프로펜을 복용한 것과 똑같은 효과를 볼 수 있다고 합니다. 강황은 세포가 노화되지 않도록 보호해 유전자 복구 메커니즘을 활성시키는 역할도 합니다. 그뿐만 아니라 강황은 뇌 신진대사를 촉진해 뇌 기능을 개선하며, 면역 체계를 강화하고 종양 세포와 싸우는 체내 단백질을 활성화합니다. 🍵

황금 우유는 일반적으로 매일 마셔도 부작용이 없지만, 커큐민이 함유된 의약품을 정기적으로 복용하시는 경우 의사와 상담하세요.

[자아 성찰] 지속 가능한 삶
세상을 더 나은 곳으로 만들기

간단 요약: 오늘은 지속 가능성이라는 커다란 주제를 작은 실천 방법으로 접근해볼 거예요. 왜냐하면 이런 방법들은 삶에 중요한 자원들을 절약하고, 지구가 쓰레기로 뒤덮이지 않도록 해주기 때문이죠. 동시에 의식적으로 행동하고 소비할 때 우리의 기분도 나아진답니다. 오늘 주어진 7분 동안에는 7가지 지속 가능성 팁들 중 한 가지를 골라 실천해보세요. 미래가 고마워할 거예요

이 책을 만들고 있을 무렵 코로나 바이러스가 우리 모두의 삶을 뒤흔들고 많은 것을 변화시켰습니다. 다행히 모든 변화가 부정적인 것은 아니었죠. 특히 눈 깜짝할 사이에 휴대폰을 통해 전 세계로 퍼져나갔던 유머들은 굉장히 흥미로웠습니다. 그중 블랙 유머이기는 했지만 영특함이 보이는 글도 있었어요. 세상(즉, 우리 인간)이 "아무리 탄소 배출을 줄이고 기후변화의 속도를 늦추고 환경을 보호하기 위해서라고 해도 우리는 생활 습관은 포기하지 않을 거야"라고 말했더니 대자연이 뭐라고 대답했는지 아세요?"그래서 너희를 위해 여기 바이러스를 준비했어. 이걸로 일단 연습해봐!"

네, 우리가 지불해야 하는 대가는 막대하고, 경제 피해도 극심하죠. 하지만 놀랍게도 성공을 거둔 측면도 있습니다. 우리는 쇼핑이 친구만큼 중요하지 않다는 것, 재택근무로도 업무를 할 수 있다는 것, 여기저기 그렇게 많이 돌아다닐 필요가 없다는 것 등을 조금씩 배웠습니다. 오늘은 7분 동안 지속 가능한 삶을 위한 일상 습관들에 대해 숙고하시길 바랍니다. 이미 실천하고 계신 방법들도 있을 텐데, 그렇다면 오늘 새로운 습관을 하나 더 배워보세요!

이런 효과가 있어요

- 환경을 보호합니다.
- 자원을 절약합니다.
- 부분적으로 돈을 절약할 수 있습니다.
- 시간을 절약합니다.
- 풍족해집니다.
- 책임감을 갖습니다.

이렇게 하면 돼요

- 오늘은 아무것도 구입하지 마세요! 그리고 다음에 쇼핑할 때는 새로운 것이 정말 필요한지 고민하세요. 아무것도 구입하지 않는 것은 시간과 돈을 소비하지 않으며, 자원도 사용하지 않는 것입니다.

- 오늘 아침, 점심 또는 저녁에 육류, 생선, 달걀, 우유 및 유제품을 의식적으로 덜 먹거나 아예 섭취하지 마세요. 우리가 소비하는 음식은 의류 산업과 함께 최대 생태발자국 지수(인간이 지구에서 삶을 영위하는 데 필요한 의식주 등을 제공하기 위해 자원 생산과 폐기에 드는 비용을 토지로 환산한 지수*)를 보이고 있습니다. 육류 소비는 기후변화, 자원 낭비, 생물 멸종에 영향을 미칩니다.

- 오늘은 거주하시는 지역에서 생산된 제철 과일과 채소를 구입해보세요. 지역 생산품들이 우리에게 오는 데에는 긴 운송 구간이 필요하지 않으며, 재배하기 위해 산림을 벌목해야 하는 일도 없습니다. 시장에 가거나 지역 생산자(주로 유기농 농부)들에게 직접 주문해 배송받아보세요.

- 수돗물을 정수하거나 끓여서 마시세요. 플라스틱 생수병에 담긴 물은 비싸고 불필요합니다. 게다가 건강에 유해한 플라스틱 물질들도 함유하고 있어요. 수돗물은 가장 강력하게 규제되고 있는 식료품일뿐더러, 비교할 수 없을 정도로 저렴합니다.

이런 효능이 있어요

지속 가능성은 오늘날 많이 논의되고 있는 단어입니다. 하지만 지속 가능성이란 과연 무엇일까요? 지속 가능이라는 것은 우리 모두에게 주어진 자원을 사용하는 것과 관련이 있습니다. 온기, 가득 채워진 냉장고에 대한 기본적인 욕구, 맛있는 음식이나 새 신발에 대한 욕구를 충족시키면서, 동시에 원료와 자원의 자연적 재생 능력이 보장되는 것을 말합니다. 자연적인 방식으로 다시 재생될 수 있는 것보다 더 많은 것을 소비하면 안 된다는 것입니다.

물론 우리 개개인은 세상을 구할 수 없습니다. 하지만 친환경적이며 기후 친화적인 자원 소비 태도를 통해 사회적·정치적 환경을 형성해나갈 수 있을 것입니다. 독일의 경우 1인당 연간 이산화탄소 배출량은 평균 11.6톤에 달합니다. 이 배출량은 개인의 소비에 있어 중요한 분야들, 즉 난방 및 전기(21%), 교통(19%), 음식(15%), 기타 소비(39.9%)에 분포되어 있습니다. 우리 모두 별로 힘들이지 않고 이 소비 수도꼭지를 조금이라도 잠글 수 있을 거예요. ⓜ

[운동] 근력을 기르는 미니멀 운동법

다이나믹한 3가지 운동

간단 요약: 오늘은 복부, 다리, 엉덩이, 팔을 단련하고 스트레스로 뭉친 어깨를 풀어줄 3가지 운동을 할거예요. 다른 일을 하면서 곁들여서 할 운동입니다. 등 하부를 강화하고 엉덩이를 탄탄하게 만드는 운동은 양치를 하면서 하시고, 등, 팔, 어깨를 위한 운동은 이어서 욕실에서 하시고요. 복근 운동은 주방에서 커피를 내리는 동안 하면 딱 좋습니다. 7분도 채 안 되는 시간 동안 몸을 지탱하는 데 중요한 코어 근육을 단련하실 수 있습니다.

운동이란 걸 해보기 위해 낯선 사람들과 함께 운동 기구, 러닝 머신 사이에서 애쓰며 소중한 자유 시간을 희생할 필요는 없습니다. 하지만 세계보건기구(WHO)는 모든 성인들에게 1주일에 150분의 중간 강도 운동, 제대로 된 운동을 원할 경우에는 75분의 고강도 운동을 권고하고 있습니다. 1주일에 2번의 근력 운동도 함께 말이죠. 무엇에 근거한 것일까요? 다수의 연구에 따르면

신체 활동 부족은 세계인들의 중요한 사망 위험 요소로 밝혀졌습니다(주요 사망 요인인 고혈압, 흡연, 당뇨, 비만과 함께 말이죠). 이 질환들은 동시에 서로에게 지원사격을 해줍니다.

따라서 규칙적인 운동과 근력 강화는 매우 중요합니다. 이 2가지는 협심증(심장마비), 뇌졸중, 제2형 당뇨병, 고혈압, 결장암, 유방암, 우울증, 비만, 골다공증, 낙상으로부터 우리를 지켜주는 긍정적인 효과도 있습니다. 해볼 만한 가치가 있다는 것이 분명하죠?

이런 효과가 있어요

- 근육을 강화합니다.
- 뼈 조직을 강화합니다.
- 심혈 관계를 강화합니다.
- 지방을 연소하고 몸을 지탱하는 근육을 만듭니다(잘 가라, 허리 통증!).
- 유연성과 균형 감각을 기릅니다.

이렇게 하면 돼요

1단계

욕실 문틀을 잡고 어깨를 이완하고 가슴 근육을 늘려줍니다.

- 걸어가는 것처럼 발을 내딛으세요. 욕실 문에 서서 앞쪽의 다리는 굽히고 뒤쪽 다리는 곧게 펴주세요. 오른팔을 들어 올려 문틀을 잡고 누르며 어깨를 이완하고 발꿈치는 바닥으로 눌러주세요. 왼쪽과 오른쪽을 번갈아 2번, 각 20~30초씩 하세요.

2단계

탄력 있는 엉덩이와 튼튼한 다리를 위해 양치할 때 2분 동안 운동해보세요.

- 다리를 양쪽으로 벌리고 선 뒤 발가락은 살짝 바깥쪽을 향하도록 하세요. 양쪽 허벅지가 바닥과 수평을 이룰 때까지 무릎을 굽히세요. 무릎이 발목보다 뒤에 있도록 주의하세요.
- 자세를 유지하고, 균형을 잡으세요. 세면대는 필요할 때만 살짝 잡으세요. 양치가 끝날 때까지 해주세요.

3단계

탄탄한 복부를 위해 커피를 내리는 동안 또는 커피를 마시며 식탁에서 할 수 있는 운동입니다.

쉬이이이

- 똑바로 앉아 허리를 곧게 펴고 어깨는 귀에서 멀리 보낸다고 생각하며 아래로 누르고 목을 길게 늘여주세요. 숨을 깊이 들이마시고 내쉬세요.
- 숨을 내쉴 때 폐에서 공기를 최대한 빨리 빼내면서 '쉬이이이'하는 소리를 크게 내세요. 이때 배꼽을 아래로, 빠르게 안쪽으로 누른다고 생각하고 복부 근육을 조이세요. 약 8~10초 동안 숨을 참고 복부의 긴장을 유지하세요.
- 긴장을 다시 풀고 숨을 깊이 들이마시고 내쉬세요.
- 운동법을 반복하고, 어지럽지 않도록 중간에 신경 써서 호흡을 깊이 해주세요. 3분 동안 하세요.

이런 효능이 있어요

운동은 많은 질병을 예방하고 우리가 더 건강하고 튼튼해지도록 도와줍니다. 특히 근력 운동은 티셔츠와 바지 밑으로 드러나는 근육을 만들어줄 뿐만 아니라 골대사를 촉진합니다. 더불어 근육은 우리가 운동을 하지 않을 때도 칼로리를 소비합니다. 하지만 중요한 것은 얼마나 규칙적으로 운동을 하느냐입니다. 이 다이나믹한 3가지 운동을 지속적으로 반복하며 몸을 움직여보세요. 곧 긍정적인 효과를 눈치채고, 그만두고 싶지 않아질 거예요. 🔊

[나와당신] 같이 걷기

산책하며 인간관계 심화하기

간단 요약: 상쾌한 공기를 마시며 산책하고 걸어다니고 돌아다니는 것은 건강에 좋습니다. 스포츠의학 전문가들도 알고 있는 점이죠. 뇌 연구에 따르면 산책은 사고력에도 유용할 뿐만 아니라 다른 사람들과의 유대감도 증진시켜줍니다. 걸을 때 정신과 신체가 함께 발걸음을 내딛기 때문입니다. 그러니까 오늘은 연습할 겸, 해야 할 이야기가 있는 사람이나 수다 떨고 싶은 사람을 1명 찾아보세요. 이때 최소 7분 동안 같이 걷고, 무슨 일이 일어나는지 보는 것이 가장 중요합니다.

어렸을 때 부모님이 항상 저희를 데리고 산책을 가셨어요. 저희들은 산책을 극도로 지루하게 여겼죠. 산책 내내 투덜거렸고, 휴게소에 도착할 때까지 산책길은 한없이 멀게만 느껴졌어요. 그런데 다른 아이들과 함께할 때면 느낌이 달랐어요. 시간은 감쪽같이 사라지고, 우리는 길가에서 많은 것을 찾아내고, 덤불과 풀숲에서 술래잡기도 했어요. 아마 우리도 모르는 사이에 부모님보다 3배는 더 걸었던 것 같아요. 그사이 저도 부모가 되었죠. 가기 싫어하는 아이들을 데리고 산책을 갈 때면 저희 가족은 거의 항상 다른 가족들과 함께 나선답니다. 저는 점차 산책을 사랑하게 되었어요. 머리는 맑아지고, 몸을 움직이는 것도 기분이 좋고, 내면의 모든 것이 정리되는 느낌을 받거든요. 오늘의 대화는 밖에서 하는 걸로 계획하고, 여러분이 매일 가는 산책길에 동행을 데려가서 함께 걷는 것을 즐겨보세요.

이런 효과가 있어요

- 유대감을 강화합니다.
- 창의력이 더 발휘됩니다.
- 기억력이 좋아집니다.
- 심혈 관계와 뇌를 단련합니다.

이렇게 하면 돼요

점심시간에 동료, 인턴, 이웃 또는 친구와 짧은 데이트를 해보세요. 저녁에 7분 동안 짧고 굵게 동네를 산책하는 약속을 잡으세요. 중요한 것은 편안하게 나란히 걸으며 이야기를 나누는 것입니다.

이런 효능이 있어요

걷는 것은 면역 체계를 강화합니다. 걷기는 그간 증명된 바와 같이 더 많은 살생 세포(표적 세포를 파괴하는 능력이 있는 면역 담당 세포*)를 만들어내는 효과가 있기 때문입니다. 또한 스트레스 호르몬 수치를 건강한 정도로 줄여주기 때문에 정신 건강에도 좋습니다. 걷기는 앉아 있기만 할 때보다 뇌를 훨씬 활성화하기 때문에 뇌에도 정말 좋은 활동입니다. 걷기는 진정한 도전과 같습니다. 우리가 걸을 때 뇌는 균형을 유지하고, 앞으로 나아가도록 하는 동시에 시시각각으로 변하는 주위의 자극을 처리해야 하기 때문입니다. 컴퓨터 앞에 앉아 있을 때와는 달리 바깥에서는 계속 변화하는 환경에 놓이게 됩니다. 더블린 트리니티대학교의 신경과학 교수 셰인 오마라는 1주일에 최소 4~5번 30분씩 빨리 걷기를 하라고 조언합니다. 📖 걷기를 하면 이렇게 뇌 활동이 뚜렷하게 변화하고, 뇌의 혈액순환이 활발해집니다. 냄새나 소리 등의 자극은 우리의 수용력, 그리고 새로 인식된 정보에 대한 저장 능력을 강화합니다.

또한 걷기는 기분에도 영향을 미치는데, 사람이 더 개방적이 되며 기분도 더 좋아지죠. 게다가 많이 걷는 사람들의 경우 우울증을 겪는 확률이 훨씬 낮다는 것도 밝혀졌으며, 뇌의 노화 속도 또한 더디다고 합니다.

하지만 최고의 하이라이트는 혼자 돌아다닐 때가 아니라 걷기를 사회적 연습의 일환으로 만들 때 발생합니다. 누군가와 함께 걸을 때 무의식적으로 보폭을 맞추고 호흡도 맞추게 되죠. 이렇게 똑같이 맞춰가는 과정에서 유대감이 생기게 됩니다.

고위직 간부들 사이에서는 함께 걷기가 공동체 정신을 장려하며, 창의력을 길러주는 활동이라는 것이 이미 잘 알려져 있습니다. 애플의 창업자인 스티브 잡스와 페이스북을 설립한 마크 주커버그부터 오바마 전 미국 대통령에 이르기까지 성공한 리더들 중에는 걸으며 하는 회의를 예찬하는 사람들이 많습니다. 줄줄이 놓인 의자나 책상에 앉는 대신 사무실 밖으로 나가 걸으며 회의를 하는 것이죠. 건물 옥상이나 주변 공원 또는 동네를 산책하며 팀원들과 인간적으로 조금 더 가까워지고, 아이디어를 떠올리게 되는 것입니다. 스탠퍼드대학교의 한 연구에 따르면 걷는 것은 이야기하고 싶어 하는 욕구를 장려합니다. 연구진들은 캠퍼스를 산책한 피실험자들이 자신의 생각을 더 풍부한 어휘를 사용해 설명하고, 산책을 하는 동안 사고를 심화한 것을 관찰했습니다. 📖

[뷰티] 페이스 리프팅 요가

얼굴을 팽팽하고 탄력 있게 해주는 페이스 요가

간단 요약: 몇몇 간단한 페이스 요가 동작들을 할 때는 땀을 흘릴 필요도, 매트 위에 올라설 필요도 없답니다. 그렇지만 효과는 매우 훌륭하죠. 아침에 욕실에서, 오후에 컴퓨터 앞에서 또는 저녁에 TV를 보며 잠시 시간을 내보세요. 눈에 띄는 안티에이징 효과를 보기 위해서는 하루 7분이면 충분하답니다!

몸의 다른 모든 부분과 마찬가지로 나이가 들수록 얼굴에도 중력이 작용합니다. 시간이 흐를수록 모든 것이 어느 정도 늘어지게 됩니다. '겹겹이 쌓이는' 피부층은 주름을 만들고, 볼을 처지게 하고, 원치 않더라도 슬퍼 보이는 얼굴을 만들어낼 때도 있죠. 하지만 만능 해결사인 요가는 믿기 어렵겠지만 여기서도 도움이 된답니다!

빛나는 눈, 팽팽한 볼과 젊어 보이는 입매를 위한 특별한 안티에이징 페이스 요가는 일본인 다카츠 후미코가 창안한 것으로 알려져 있습니다. 다카츠 후미코는 사고로 안면 비대칭 증세를 겪게 되었는데요, 요가의 열렬한 팬이었던 그는 인도 전통 하타 요가의 원리를 얼굴 근육에 적용하기 시작했습니다. 이때 근육을 스트레칭해주는 것, 그리고 근육을 조였다가 풀어주는 것이 중요합니다.

이렇게 다카츠 후미코는 페이스 요가의 효과를 깨닫고, 각 얼굴 부위를 위한 특정 트레이닝 방법을 개발했습니다.

이런 효과가 있어요

- 얼굴 주름을 팽팽하게 펴주고 피부를 매끄럽게 해줍니다.
- 혈액순환을 활발히 해줍니다.
- 기분을 좋게 해줍니다.

이렇게 하면 돼요

준비물

요가 트레이닝 시작 전 얼굴에 수분 크림을 조금 발라주세요. 수분 크림을 톡톡 두드려 흡수시켰다면 이제 시작하시면 됩니다.

방법

- 양손의 검지를 눈썹에, 엄지의 손톱 쪽을 광대에 두어 안경을 쓴 것처럼 만드세요. 검지와 엄지를 귀를 향해 천천히 뒤쪽으로 보내면서 눈을 힘주어 감으세요. 근육이 지압을 받도록 약 40초 동안 눈을 계속 꼭 감고 계세요.

- 긴장을 풀고 이제 뽀뽀하듯 입술을 오므린 다음 볼을 입 안쪽으로 모아 홀쭉하게 만드세요. 약 20초 동안 유지한 후 숨을 깊이 들이마시고 볼을 빵빵하게 부풀리세요. 잠시 자세를 유지하며 코로 호흡한 다음, 다시 처음처럼 입술을 오므리세요.

- 손가락 끝을 이용해 이마의 피부를 오른쪽, 그리고 왼쪽으로 밀고 헤어 라인이 시작되는 위쪽으로 미세요. 눈꺼풀을 아래로 내리고 몇 초간 바닥을 바라본 후 다시 앞을 보세요. 6번 반복하세요.

- 입을 크게 벌리고 혀를 바깥으로 뻗어 아래로 쭉 내리세요. 입을 통해 호흡하고 사자처럼 소리 내어보세요.

이런 효능이 있어요

우리 얼굴은 바라보는 모두에게 우리가 어떤 상태인지 알려주는 역할을 합니다. 지치고 피곤하면 눈이 무겁게 처지고, 걱정과 상념은 미간에 주름을 만들고, 스트레스는 턱 근육을 경직시킵니다. 우리 얼굴은 고도로 복잡하게 얽힌 26개의 근육으로 이루어져 있습니다. 이 근육들은 우리가 얼굴로 감정을 표현하고 표정을 만드는 데 어느 정도 기여하고, 피부 아래에서 일어나는 일들을 반영합니다.

페이스 요가는 요가 자세(아사나)가 몸에 영향을 미치는 것과 똑같이 얼굴에 영향을 미칩니다. 스트레칭, 근육 수축과 이완은 얼굴의 혈액 및 림프 순환을 활발하게 해주어 눈물샘과 이른바 팔자주름, 코와 입가 사이에 생기는 주름을 줄여주는 효과가 있어요. 안면 근육을 기르면 나이가 들면서 감소하는 피하지방을 대체할 수 있고, 이마, 광대뼈, 입술과 같은 곳에 다시 볼륨감을 줄 수 있습니다.

깊은 호흡은 피부에 산소를 더 공급하여 마무리를 해줍니다. 페이스 요가를 규칙적으로 하면 보톡스를 맞지 않아도 얼굴이 팽팽하고 탱탱해질 거예요. 🔟

닻 내리는 날

다시 닻을 내리는 날입니다. 두 번째 주가 끝났네요. 그동안 7개의 분야별로 팁을 하나씩 실천해보았는데요, 마음에 들었거나 그저 그랬거나 별로였던 팁이 있으신가요? 스마일 표시를 통해 점수를 매겨보세요.

Tip 1
건강: 오일 풀링
다양한 효과를 기대할 수 있는 치아 관리 루틴(40쪽)

Tip 2
심신의학: 조각배에 생각 띄우기
마음의 안정 찾기(42쪽)

Tip 3
영양: 황금 우유
항염 효과가 있는 데다가 맛있기까지 한 디톡스 음료(44쪽)

Tip 4
자아 성찰: 지속 가능한 삶
세상을 더 나은 곳으로 만들기(46쪽)

Tip 5
운동: 근력을 기르는 미니멀 운동법
다이나믹한 3가지 운동(48쪽)

Tip 6
나와 당신: 같이 걷기
산책하며 인간관계 심화하기(50쪽)

Tip 7
뷰티: 페이스 리프팅 요가
얼굴을 팽팽하고 탄력 있게 해주는 페이스 요가(52쪽)

어떻게 하는지 이미 알고 계시죠.
가장 좋았던 팁(들)을 골라 오늘의 7분을 사용해 다시 해보세요.
아니면 첫 번째 주에 했던 팁 중 하나를 고르셔도 좋습니다(33쪽에서 목록을 보실 수 있어요).
특히 마음에 들어서 같은 주에 여러 번 했던 팁이 있다면 빈칸에 적고 앞으로도 계속 이어나가보세요. 잘하셨어요!

리뷰

어떤 팁들이 마음에 들었고 별로였는지 이곳에 기록하고 이번 주에 경험한 것을
메모해보세요.

가장 마음에 든 팁과 그 이유:

．．．

．．．

．．．

．．．

．．．

．．．

．．．

다음 주에 다시 해볼 팁:
(날짜와 시간도 미리 적어보세요)

．．．

．．．

．．．

．．．

．．．

．．．

．．．

언젠가 다시 해보고 싶은 팁:

. . . .
. . . .
. . . .
. . . .
. . . .
. . . .
. . . .
. . . .
. . . .

별로였던 팁과 그 이유:

. . . .
. . . .
. . . .
. . . .
. . . .
. . . .
. . . .

이미 정기적으로 하고 있는 팁:

. . . .

. . . .

. . . .

. . . .

의견:

. . . .

. . . .

. . . .

. . . .

. . . .

오일 풀링을 하는 분들을 위한
추가 건강 팁

정말 믿기 어려운 일들이 있습니다. 예를 들면 바로 이런 경우죠. 노란색의 어떤 것을 입에 넣었고, 그 노란 것은 양손을 즉시 불쾌한 노란색으로 물들였는데, 치아는 노래지지 않고 오히려 훨씬 하얘지는 겁니다. 강황은 이런 일을 해낼 수 있답니다. 이 과정에서 치아에 있던 플라그가 제거되기 때문입니다.

오일 풀링을 할 때 강황을 사용하면 항염 효과를 더 키워줍니다. 오일 풀링을 별 문제 없이 할 수 있다면 오늘은 강황을 아주 조금 식물성 오일에 섞어 5분 동안 이 사이로 풀링 해보세요. 아시아에서 요리에 풍부하게 사용되는 강황(울금)은 항염 효과가 있습니다. 더불어 강황에 함유된 커큐민에는 약간의 통증 완화 효과가 있어서 잇몸이 예민하거나 치경부가 노출되어 있는 분들에게 도움이 됩니다.

3주차를 위한 준비

3주차 팁을 위한 재료 및 도구

- 펜과 종이 또는 공책
- 사해소금 400g
- 천연 또는 유기농 벌꿀
- 일반 우유 1L

3주차

일상이 달라지는 유익한 습관들
• • •

3주차에는 7분 동안 맨발로 걷기,

짧은 시간 동안 많은 에너지를 충전하기,

원활한 신진대사를 위해 아주 천천히 식사해보기,

하루를 마무리하며 감사하기,

힘들게 하는 친구들과 멀어지기,

이집트 여왕처럼 관리하는 법을 배울 거예요.

[건강] 맨발로 걷기

발에게 자유를!

간단 요약: 신발과 양말을 벗어버리세요. 자유를 찾아주세요! 짧은 거리라면 고르지 않은 흙길이라도 맨발로 걸어보세요. 그러면 근골격계의 중요한 구성 요소이지만 신발 착용 때문에 약해지기 쉬운 인대, 힘줄, 근육이 자극을 받을 거예요. 세바스티안 크나이프 신부가 이미 높이 평가한 '자연의학'은 몸과 마음을 강하게 해주는 동시에 긴장을 풀어주는 효과가 있습니다.

호주에 거주하던 4년 동안 저는 신발을 거의 신지 않았습니다. 항상 더웠기 때문에 집에서는 시원한 바닥을 맨발로 걸었어요. 밖에 나가면 잔디나 단단한 흙을 맨발로 밟았습니다. 행복했어요. 얼마간의 구간이라도 다시 신발을 신고 걷도록 만든 유일한 이유는 풀숲이나 길가에 뛰노는 많은 동물들 때문이었습니다. 말벌과 진드기부터 시작해서 등에 독성이 있는 두꺼비, 심지어 뱀까지 있었죠. 그래서 아이들은 앞뒤가 막힌 신발을 신고 등교해야 한다는 학칙도 있었습니다. 아무리 더운 날이더라도 말이에요. 뱀들은 목이 마르면 공중화장실을 즐겨 찾거든요.

이런 효과가 있어요

- 발 근육을 강화하고 힘줄과 인대를 튼튼하게 합니다.
- 발바닥의 아치를 세워주어 평발을 예방합니다.
- 무지외반증 진행을 막아줍니다.
- 정맥 및 종아리 근육을 단련해줍니다.
- 균형감과 점프력을 길러줍니다.
- 스트레스를 해소해줍니다.
- 발의 땀과 무좀을 예방하는 데 도움이 됩니다.
- 면역 체계를 강화합니다.

이렇게 하면 돼요

따뜻한 날 맨발로 걷기를 시작하는 것이 제일 좋습니다. 점심시간에 근처 공원에 가서 몇 분 동안 신발을 벗고 걸어보세요. 맨발로 걸으면 우리가 평소보다 발 앞부분으로 바닥을 디디며 걷는 것을 느끼실 거예요. 이때 발과 종아리의 근육이 많이 사용됩니다. 보폭은 짧아지고 발걸음 수는 늘어날 거예요. 보통 우리는 먼저 발뒤꿈치로 바닥을 딛는데, 이는 허리에 더 강한 충격을 전달합니다. 그래서 맨발로 걷는 사람들은 허리 통증이 더 적다고 합니다.

맨발 걷기가 엄지발가락이 둘째 발가락 쪽으로 휘는 증상인 무지외반증의 악화 속도를 늦출 수 있다는 것이 흥미롭게 다가옵니다. 일반적으로 맨발 걷기는 발 근육을 강화시키고 균형 감각도 길러줍니다.

밖에서 걷는 것이 어렵다면 맨발 걷기는 실내에서도 가능합니다. 양말을 신고 해도 괜찮아요. 걷기 전 발이 따뜻한지만 신경 써주세요.

이런 효능이 있어요

인간의 발이 지금의 형태를 띠고 직립보행을 하기까지 약 4백만 년이 걸렸습니다. 발은 인류 진화의 경이로운 작품입니다. 발바닥에는 7만 개 이상의 신경종말이 모여 있습니다. 발은 우리 몸의 가장 중요한 사지 중 한 부분이지만, 가장 신경을 쓰지 않는 곳이기도 해요. 스포츠의학 연구에 따르면 맨발로 많이 걷는 어린이의 경우 전반적인 신체 기능과 함께 발이 더 잘 발달된 것으로 나타났습니다. 📖

우리 발은 모든 종류의 자극을 감지하고, 혈액이 심장으로 올라가도록 도와주고, 정보를 뇌로 보내 몸이라는 유기체가 어떻게 움직이고 어떤 자세를 취해야 하는지 알려줍니다. 크나이프 신부는 발을 통한 자극의 효과에 대해 많이 연구했는데요, 그의 연구 중 유명한 것은 얕은 물속 걷기, 이슬이 맺힌 풀 위 걷기나 눈 속에서 달리기입니다. 이러한 방법들은 우리 발에 좋은 영향을 미치기도 하지만 무엇보다 면역 체계를 강화해줍니다. 자연요법의 아버지라고 할 수 있는 크나이프 신부는 이미 150년 전에 맨발 걷기의 중요성을 분명히 알고 있었던 것 같습니다. "우리는 맨발로 걸으며 예전에 잃어버린 많은 것들을 다시금 발견한다. 바로 자연과의 접촉, 자연스러운 보행, 그리고 작은 것들을 바라보는 일이다"라고 이야기했으니까요.

이런 것들이 필요해요
● 수건(상황에 따라)
● 걷기 후 신을 따뜻한 양말

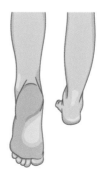

[심신의학] 7분 파워 냅

에너지를 내기 위해 잠깐 자기!

간단 요약: 오늘 7분은 파워 냅(power nap, 몸의 활력을 되찾아주는 짧은 낮잠*)에 사용해 보세요. 파워 냅은 오후의 집중력과 수용력을 향상시켜주는 것으로 증명되었습니다. 또한 수명을 늘려주기도 합니다. 바로 잠에 들지 못했다고 해서 걱정하지 마세요. 낮잠으로 가는 과정을 목표로 합니다. 파워 냅은 배울 수 있어요. 오늘부터 배워보아요.

제가 열정적으로 좋아하는 것이 무엇인지 물어보신다면 -저를 게으름뱅이라고 생각하실까 봐 이것을 첫 번째로 꼽기는 주저되지만- 사실 저는 몇 년 전부터 파워 냅을 사랑하고 있답니다. 제 사랑이 어떻게 시작되었는지 말씀드릴게요. 20대 후반에 저는 TV 방송 일을 정말 많이 했는데 매일 생방송을 하던 중 어느 날 이상한 경험을 했어요. 자면서 입 밖으로 소리를 내며 방송 진행을 하고 제스처까지 취하다가 깨어났습니다. TV의 작은 빨간 불빛을 촬영장 카메라의 빨간 불빛으로

착각한 것을 깨달았어요. 방송 중인 줄 알고 계속 말을 한 것이죠. 항상 그랬듯이요. 그다음에는 다시 잠이 들 수 없었습니다. 낮 동안 계속해서 미소를 짓느라 턱은 점점 더 경직되었고, 온종일 피곤했어요. 그래서 저는 자율 훈련법(긍정적 사고와 정신적인 훈련을 통해 스트레스를 다스리는 방법*) 수업을 듣기로 결정하고, 긴장 완화 기술을 배웠고 지금까지도 잘 활용하고 있어요. 저는 그날 하루가 고될 것이라고 예상이 되면 점심시간에 파워 냅을 하기 위해 이 기술을 이용합니다.

이런 효과가 있어요

- 집중력과 수용력, 그리고 반응 능력을 높여줍니다.
- 심혈관 질환 발병 위험을 줄여줍니다.
- 기분이 상쾌해지고 오후를 더욱 활기차게 시작할 수 있게 해줍니다.
- 생각의 고리를 끊어줍니다.

이렇게 하면 돼요

이런 것들이 필요해요

눕거나 편안하게 앉을 수 있는 조용한 장소 (만약 조용한 곳이 없으면, 고요함을 위해 귀마개를 준비하세요)를 찾아 알람을 맞추세요. 처음에는 7분이면 충분합니다. 시간이 더 있다면 더 하셔도 좋지만 30분을 넘기지 않도록 하세요. 30분이 지나면 파워 냅이 몸을 피곤하게 만듭니다.

하는 방법을 잘 읽고 다음 단계가 기억 나지 않을 때만 살짝 다시 읽으세요. 나중에는 혼자 하실 수 있을 거예요.

방법

● 등을 대고 누워 최대한 편안한 자세를 취하세요.

● 2번 연속으로 차분하게 숨을 깊이 들이쉬고 내쉬세요.

● 이제 몸 살피기(body scan, 의자에 앉거나 등을 바닥에 대고 신체의 여러 부위에 대한 신체적 감각을 알아차리는 마음 챙김을 근거로 한 명상치료법*)를 시작합니다.

● 몸 아래쪽에서부터 위쪽까지 머릿속으로 쭉 살펴보세요. 몸이 어디에 누워 있나요? 어디가 아픈가요? 더 무겁게 느껴지거나 긴장이 풀린 것처럼 느껴지는 곳이 있나요?

● 혼자 숨 쉬기: 몸이 필요한 만큼 편하게 숨 쉬도록 해보세요. 의식적으로 호흡하지 마세요. 몸은 여러분의 도움 없이도 혼자 숨을 쉬며, 스스로 호흡하는 것이 가능하니까요.

● 어떤 생각이 머릿속으로 들어오

면 다시 쫓아내세요. 못되게 구는 것이 아니라, 나중에 돌봐주면 됩니다.

● 알람이 울리면 손을 흔들어 털고 눈을 뜰 때 기지개를 켜세요.

이런 효능이 있어요

생각이 머리를 헤집거나, 아이들이나 반려견이 소란스럽게 굴어 오늘은 파워 냅에 실패하셨을 수도 있습니다. 하지만 괜찮아요. 다음번에는 방문을 닫고 하면 됩니다. 여러분의 몸은 그래도 오늘 무엇인가를 배웠기에, 앞으로 점점 나아질 거예요.

나중에는 우리 몸이 스트레스 상황에서도 빨리 이완되도록 조건반사를 일으키게 만들 수 있어요. 이건 매우 중요합니다. 미 항공우주국(NASA)의 연구에 따르면 30분 동안 파워 냅을 하면 반응 속도는 16% 증가하고, 주의력 상실은 34% 감소한다고 합니다. 하버드 대학교 공중보건학 연구진은 점심시간에 30분 동안 휴식을 취하면 심혈관 질환에 걸릴 위험이 최대 37%까지 낮아진다고 밝혔습니다. ⑩ 이는 특히 고된 노동을 하는 남성들에게서 뚜렷하게 나타났습니다.

30분 이상 잠을 잘 경우 수면 호르몬이 방출되고, 오히려 일어났을 때 기력이 없고 더 피로해지기 때문에 효용이 없습니다.

7분!

[영양] 천천히 먹기

잘 씹는 것이 소화의 반

간단 요약: 오늘은 푸짐하고 맛있게 먹을 거예요. 다만 아아아아아아아주 처어언처언히요. 오늘은 식사 시간을 7분 더 늘리세요. 3끼 중 하나를 골라서 평소와 다르게 더 의식적으로, 천천히 마시고 이야기하며 식사하고, 한입 한입 먹을 때마다 즐겨보세요. 꼭꼭 씹은 다음에 한입 꿀꺽 삼키고, 잠시 쉰 다음 한입을 삼키세요. 여러분의 소화기관에 좋고, 더 많은 영양소를 분해하면서도 포만감을 더해줄 것입니다. 천천히 먹는 사람은 덜 먹게 되죠.

저에게 음식은 정말 중요합니다. 저는 보기에 예쁘면서도 풍족한 식사를 좋아합니다. 음식은 저를 위로해주고, 진정시켜주고, 살면서 겪는 이 세상의 고통을 줄여줍니다. 그러다 보니 당연히 너무 많이 먹게 됩니다. 제가 저녁을 먹으면서 식탁까지 삼켜버리지 않도록 도와주는 건 천천히, 의식적으로 먹는 방법입니다. 이를 위해서는 평소의 속도로 먹지 않도록 스스로를 혼내며 집중해야 합니다. 그리고 이렇게 먹으면 음식의 맛도 더 깊고 풍부해지는 것 같아요. 음식을 입에 넣고 즐기는 것이 좋습니다. 천천히 식사하는 것을 자주 반복하다 보면 언젠가부터 갑자기 정말 더 천천히, 그리고 아마 더 적은 양을 먹고 있는 것을 깨달으실 거예요. 나중에 음식을 추가적으로 먹을 필요도 없어지고요. 오늘 한번 천천히 먹기를 해보세요. 먹을 때의 즐거움이 훨씬 커지고, 식탁의 마지막 남은 다리를 먹어치우기 전에 포만감이 생기도록 해줄 거예요.

이런 효과가 있어요

- 포만감이 커집니다.
- 칼로리를 줄여줍니다.
- 더 즐길 수 있습니다.
- 영양소 흡수가 잘 됩니다.
- 위와 장의 부담을 줄여줍니다.

66

이렇게 하면 돼요

● 여러분 앞의 접시에 무엇이 놓여 있는지를 보고 냄새를 맡고 모든 걸 잘 살펴보세요. 음식이 여러분의 모든 감각을 자극하도록 하세요.

● 오늘은 의식적으로, 평소보다 7분 더 천천히 식사하세요. 스마트폰, 신문 또는 책 없이요.

● 음식을 삼키기 전 최소한 15번 씹으세요. 입에 음식을 다시 넣기 전에 입이 비워질 때까지 잠깐 기다리세요. 오래 씹으면 일부 음식은 맛이 바뀐다는 것을 기억해주세요. 예를 들어 빵의 경우 오래 씹으면 씹을수록 더 달콤해집니다.

● 한 입 먹을 때마다 수저를 내려놓으세요. 잠시 쉬면서 느껴보세요. 음식 맛이 어떤가요?

● 배가 부르면 바로 식사를 종료하세요.

● 어떠셨나요? 익숙해질 것 같으신가요?

이런 효능이 있어요

그리스의 한 연구진은 17명의 남성들에게 이틀 동안 정확히 계량된 양의 아이스크림을 제공했습니다. 실험자들은 하루는 5분 안에 아이스크림을 먹어야 했고, 다음 날은 30분 안에 먹어야 했습니다. 그 후 3시간 반 동안 참가자들의 혈액을 반복적으로 채취해 소화 호르몬 수치를 측정했습니다. 아이스크림을 천천히 먹었을 때 식욕을 억제하는 장내 호르몬(글루카곤 유사 펩타이드 1과 펩타이드

YY)이 천천히 더 많이 방출된 것으로 나타났습니다. 전체 조사 기간 동안 아이스크림을 천천히 먹은 사람의 경우를 보면 빨리 먹은 사람보다 호르몬의 평균 농도가 27~40% 높았으며, 포만감도 더 많이 느끼는 것을 확인할 수 있었습니다.

이럴 경우 어떤 일이 발생할지는 분명하죠. 미국 로드아일랜드대학교의 연구에 따르면 식사를 빨리 하는 사람이 더 많은 칼로리를 섭취하는 것으로 밝혀졌습니다. 각각의 경우 섭취한 양을 분석한 결과, 식사를 빨리한 사람은 1분당 약 88g, 중간 속도로 한 사람은 71g, 천천히 한 사람은 57g의 음식을 먹었습니다. 식사를 10분 내에 마친 사람은 천천히 먹은 사람보다 평균 10% 이상의 칼로리를 더 섭취했습니다. 천천히 식사하는 것은 실제로 칼로리 섭취를 줄여주며, 규칙적으로 연습하면 체중 유지 또는 감소에 도움이 됩니다. 📖

[자아 성찰] 저는 잘 지내요, 감사합니다!

감사로 하루를 마무리하기

간단 요약: 오늘은 아침에 일어나서 그리고 저녁에 잠들기 전에 각각 3가지 일을 기록해보세요. 아침에는 어떤 3가지 요소가 오늘을 성공적이며 살 가치가 있는 하루로 만들어줄지를 메모하고, 저녁에는 오늘 감사한 일들을 3가지 적어보세요.

68

이제 여러분이나 제가 정말 힘들어하는 부분을 다룰 차례입니다. '세상은 있는 그대로 존재하는 것이 아니라 우리가 어떻게 보느냐에 따라 달라진다!'는 문장 속에는 많은 진실이 담겨 있습니다. 저는 종종 제가 색안경을 끼고 있다는 것을 깨닫고 힘들어합니다. 저는 20년 전 제 사진들을 보면 '우와, 몸매가 나쁘지 않았네'라고 생각한답니다. 당시에는 제가 뚱뚱하다고 생각했는데 말이죠. 그런 생각은 저에게 도움이 되지 않았습니다. 젊은 시절을 훨씬 더 행복하게 보낼 수 있었는데 말이죠. 생각해보면 참 어리석은 일이에요. 안타깝게도 제 어린 딸들도 당시 제가 했던 것을 그대로 하고 있답니다. 저는 그 후 종종 '좋은 것을 인정하는 것이 왜 그리도 어려울까? 우리는 왜

그렇게 많은 것을 마음에 담아둘까? 왜 우리는 많은 것들을 힘 빼고 볼 수 없을까?'라고 생각했습니다. 우리는 잠깐이라도 깊이 호흡하며 생각할 시간을 내지 않습니다. 이는 건강과 숙면, 삶의 질에 막대한 영향을 미칠 수 있습니다. 또 우리는 어떤 것을 긍정적으로 보려고 하지 않는 면이 있습니다. 저희 집에서도 그렇고 독일 문화에서도 그렇습니다. 사람들은 불평하기를 좋아하고, 누군가 어떤 것을 멋지다고 생각하거나 감사를 표하면 오히려 이상하게 쳐다보곤 하죠. 감사하는 마음은 배울 수 있는 것입니다. 감사는 우리의 기분을 좋게 만들어줍니다.

이런 효과가 있어요

- 우울증과 심장 질환으로부터 보호해줍니다.
- 수면 장애를 겪을 위험성과 피로를 줄이고 혈액 내 염증 수치를 낮춥니다.
- 긍정적인 일들을 알아채는 능력을 길러줍니다.
- 기분이 좋아지고 마음이 여유로워집니다.

이렇게 하면 돼요

준비물
펜, 종이 또는 노트

방법

● 아침에는 새롭게 시작된 오늘을 좋은 하루로 만들어줄 3가지를 노트 위쪽에 적으세요.

● 그리고 여러분에게 동기부여가 되는 문장, 안정, 보호 그리고 용기를 줄 문장을 하나 적으세요. (예: 나는 나 그대로 괜찮다)

● 저녁에 잠자리에 들기 전에 감사한 3가지를 적어보세요. 가능한 한 자세히 쓰고 사소한 것이라도 그 가치를 인정해주세요. 무엇보다도 여러분이 느끼는 대로 솔직하게 쓰는 것이 중요합니다. 오늘 낯선 사람에게 길을 알려주었을 때 그 사람이 기쁘게 미소 지었던 순간, 친구와의 대화, 따스한 햇살, 새로운 청바지를 산 것 등이 있을 수 있겠죠.

이런 효능이 있어요

감사하는 마음은 충만한 삶을 위해 중요합니다. 감사한 마음을 느끼기 위해서 꼭 행동 치료를 받아야 하는 것도 아니고, 스트레스를 받거나 불만족스럽다고 우리 삶을 샅샅이 돌아볼 필요는 없습니다. 하루 5분에서 7분의 성찰로도 많은 것이 바뀔 수 있어요.

물론 이 연습은 규칙적으로 해줄 때 가장 효과적입니다. 반복적으로 이 의식을 치르다 보면 감사함을 더 잘 인식할 수 있고, 하나의 기분 좋은 일과로 발전시킬 수 있습니다. 일정한 규칙은 심지어 뇌 구조를 변화시키기도 합니다. 뇌는 자극을 더 잘 처리하게 되죠. 정서적 차원에서 규칙적인 의식은 마음을 보다 여유롭게 해주고 스트레스에도 잘 대처할 수 있게 해줍니다.

2015년 미국의 한 연구는 규칙적인 감사 인식 훈련이 미치는 영향에 대한 놀라운 결과들을 내놓았습니다. 감사한 마음을 가진 환자들은 우울증, 수면 장애, 피로, 심장 질환을 겪을 가능성이 더 적고, 혈액 염증 수치도 훨씬 더 낮았습니다. 미국 캘리포니아 데이비스대학교의 심리학 교수 로버트 에몬스는 다양한 연구를 진행했는데, 감사 일기를 작성한 피실험자들이 더 행복감을 느끼고, 삶을 긍정적으로 바라보고, 덜 아프고, 더 잘 자고, 목표 달성에 있어서 더 큰 진전을 보였으며, 더 많은 열정과 결단력, 에너지를 가지고 있었다고 합니다. 또한 이들은 관계에 문제가 있을 때 더 잘 대처했고, 안정적인 인간관계를 가지고 있었습니다. 📖

[운동] 줄 없는 줄넘기

코피 터지지 않고 권투 선수처럼 튼튼해지기

간단 요약: 처음에는 이상하게 들리겠지만 실제로 규칙적으로 하면 지구력, 협응 능력, 균형 감각을 길러주는 데 믿을 수 없을 정도로 효과적인 운동입니다. 권투 선수들은 점프를 하며 스파링과 경기를 준비합니다. 줄 없는 줄넘기 운동의 좋은 점은 언제 어디서나 할 수 있다는 것, 주위의 가구나 천장 조명을 걱정하지 않아도 된다는 것입니다. 해보면 아시겠지만 처음에는 7분이 꽤 힘들게 느껴질 거예요. 따라서 처음에는 2~3분 정도만 해도 충분합니다.

저는 몇 시간 동안 산책은 할 수 있지만 숨이 차도록 제대로 운동을 하는 것은 항상 조금 어렵다고 느꼈어요. 참 안타까운 일이죠.

다수의 연구에 따르면 비교적 건강한 중년층의 경우 운동이 수명을 연장하고, 심장마비든 암이든 어떤 사망 원인이든 상관없이 사망률을 낮춰주거든요. 🤕 물론 우리가 정말 힘들게, 그러니까 땀이 나도록 운동을 하면 그 효과가 더 크다는 것도 증명되었습니다.

로또 번호는 아니지만 대신 세계보건기구(WHO)의 마법 같은 숫자를 알려드릴게요. 1주일에 권장되는 운동량인 150분 중 75분은 제대로 맥박 수가 오르도록 운동을 해야 합니다. 즐겁게 공을 잡으려고 뛰어다니고, 날개를 단 듯 춤출 수 있는, 정말 즐겁게 할 수 있는 운동을 찾는 것이 좋습니다. 그런 운동이 없다면 줄넘기를 해보세요. 이보다 효과적인 운동은 없습니다. 오늘은 줄넘기를 구매하지 않고도 할 수 있는 버전을 알려드릴게요.

이런 효과가 있어요

- 지방 연소를 촉진합니다.
- 골반, 다리 근육과 상체 근육을 길러줍니다.
- 심혈관계를 강화해줍니다.
- 신체 균형을 향상시켜줍니다.
- 체력과 골밀도를 강화해줍니다.

70

이렇게 하면 돼요

- 줄 없는 줄넘기를 하기 위해서는 약간의 균형감과 점프력만 있으면 됩니다.

- 탄력 있는 바닥에서 하는 것이 이상적입니다(그러니까 아스팔트는 좋지 않겠죠). 웜업을 위해 30초 동안 제자리 달리기를 해주세요. 웜업을 하며 손목, 어깨와 팔을 돌려주세요. 이제 시작합니다. 손에 줄넘기를 들고 있는 것처럼 팔로 원을 그리며 움직여주세요. 어깨 관절을 풀어주기 때문에 어깨에 좋습니다.

- 팔꿈치를 몸에 붙이고 똑바로 서세요. 아래팔과 위팔이 대략 직각이 되도록 하세요. 그 상태로 다리를 모으고 낮게 뛰며 팔을 편안하게 돌려주세요. 발 뒤꿈치는 바닥에서 떼고 앞꿈치로 뛰세요. 착지 시 충격을 완화하기 위해 무릎을 구부리세요. 어느 정도 훈련이 되셨다면 한 발로 또는 발을 바꾸며 뛰거나 뛰는 속도를 바꾸어도 좋습니다.

- 처음에는 짧게 시작하세요. 아니면 금세 근육통이 생길 거예요. 2~3분으로 시작해 천천히 7분까지 늘리는 것이 좋습니다. 초반에는 2분씩 3번 인터벌 트레이닝으로 하는 것이 가장 좋습니다.

- 다음 날 근육통이 없다면 매일 조금씩 더 높게 뛰어보세요.

이런 효능이 있어요

줄넘기는 조깅보다 3배 더 효과적입니다. 줄넘기를 하면 날씨와 상관없이 체력을 단련할 수 있고 체중도 줄일 수 있습니다. 10분 동안 힘차게 점프하는 것이 30분 동안 조깅하는 것과 효과가 같습니다. 점프는 1분당 13칼로리를 연소시키는 반면 달리기는 9칼로리를 사용합니다. 무엇보다 달리기는 다리 근육을 이용하고 강화하는데, 줄넘기는 거기에 더해 상체 근육도 단련시킵니다.

점프는 특히 근막에 좋습니다. 근막은 우리 몸 전체에 거미줄처럼 연결되어 있는데, 운동 부족일 경우 또는 한쪽 방향으로만 움직일 경우 '엉킬' 수 있으며, 이는 통증으로 나타날 수 있습니다. 점프하고 착지할 때 몸의 모든 근막은 균일하게 자극받습니다. 제대로 운동을 하면 림프계에 운동 자극이 가해지기 때문에 림프계에도 좋습니다. 또한 점프할 때 가해지는 압박 자극을 통해 근육들 사이의 혈관 및 림프관이 리듬감 있게 압박됩니다. 혈액과 림프액이 펌프처럼 압박을 통해 몸의 상부로 보내지고 순환이 지속됩니다. 게다가 줄넘기는 스트레스를 푸는 데도 도움이 됩니다. 그리고 조깅할 때보다 내면의 귀차니즘을 극복하기가 훨씬 쉽습니다. 원하실 경우 줄넘기를 하면서 TV를 시청하실 수도 있습니다. 다만 관절 문제가 있는 경우, 심한 과체중이나 심혈관 문제가 있는 경우 빠른 줄넘기는 하지 않는 것이 좋습니다.

[나와 당신]
잘 가라, 에너지 도둑!
힘들게 하는 친구와 절교하기

간단 요약: 자주 피곤하거나 지치시나요? 그럼 혹시 에너지 흡혈귀가 찾아왔던 걸지도 모릅니다. 이 흡혈귀는 긍정적인 에너지를 빨아들이는 불쾌한 존재입니다. 우리는 무력감을 느끼게 되고 신경이 날카로워지며, 머리가 지끈거리게 됩니다. 오늘부터는 이런 일들이 덜 발생하도록, 그리고 여러분들이 삶의 다른 기분 좋은 일들을 위해 더 많은 에너지를 남겨둘 수 있도록 짜증 나는 주위 사람들을 막거나 없앨 수 있는 방법을 알려드리도록 할게요.

친구는 중요한 존재입니다. 하지만 우리는 친구들이 우리의 결정과 감정에 어떠한 영향을 미치는지 잘 인식하지 못하고 사는 것 같습니다. 즉, 내가 무엇을 할지, 무엇을 살지, 누구를 파트너로 선택할지, 무엇을 먹을지, 그리고 이에 따라 몸무게는 어떻게 변할지 등에 미치는 영향 말이죠. 자신의 기분도 포함해서요. 따라서 친구는 신중하게 선택해야 합니다. 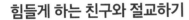 이스라엘의 연구진은 모든 우정이 상호 균형 있게 형성된 것은 아니라는 것을 밝혔습니다. 이 연구에 따르면 우리의 친구들 중 절반 이상은 진정한 친구가 아니며, 정말 가깝게 지내거나 좋은 것을 함께 나누기 위해서가 아니라 그저 평범한 이유들로 우리 주변에 머무른다고 합니다. 오늘은 누가 진정한 친구인지, 힘들 때 곁에 있어줄 것 같은지 혹은 곁에 있었는지, 누가 감정과 에너지를 소모시키기만 했는지, 여러분에게 진정한 관심이 있는지, 이 '우정'이 정말 필요한지를 생각해보는 데 시간을 써보세요.

이런 효과가 있어요

- 나를 위한 시간이 더 많아집니다.
- 더 많은 휴식을 얻고,
- 더 많은 힘도 얻습니다.
- 일상생활에서 긍정적인 순간들이 늘어납니다.
- 여러분에게 정말 좋은 친구들, 그리고 여러분을 진정한 자산으로 여기는 친구들을 위해 더 많은 시간을 쓸 수 있습니다.
- 자신을 더 돌볼 수 있습니다.

이렇게 하면 돼요

● 여러분 주변의 누가 에너지 흡혈귀에 속하는지, 왜 자꾸 그 사람에게 실망하는지 생각해보세요. 건강한 관계는 사실 항상 기브 앤 테이크(Give and Take)에 기반을 둡니다. 어떤 사람과의 우정이 상호적인가요? 함께 있을 때 즐거운가요? 그 사람이 여러분을 힘들게 하지는 않나요? 그 사람과의 관계를 계속 지속해나가야 하나요? 혹은 계속 지속해나가고 싶은가요?

● 누구에 대해 생각하고 있는지 떠오르는 대로 적어보세요. 아니면 목록을 만들어보세요. 내가 가장 많이 에너지를 소모해야 하는 사람은: . . . .

● 이제 2가지 방법이 있습니다.

  1. 아직 그 우정이 중요하다면, 오늘 같이 만나 명확하게 이야기를 나눌 수 있도록 약속을 잡아보세요. 자신이 원하는 바를 표현할 것임을 암시하세요.

  2. 이것이 도움이 될 것 같지 않고, 함께했던 긍정적인 순간들조차 관계 유지를 위한 동기가 되지 않는다고 생각되면 우정을 끝내야겠죠. 여러분은 그 사람을 바꿀 수 없을 거예요. 그렇다고 여러분이 계속 부정적인 영향을 받도록 내버려두어야 할 이유 또한 없죠. 심하게 상처를 주지 않으면서도 좋은 문장이 있어요. '우리가 서로 만나고 나서 기분이 좋지 않을 때가 있어. 그 이유가 뭔지 알아내려고 노력하는 중이야. 그래서 연락을 덜 하게 될 것 같아.' 에너지 도둑이 직장 상사나 동료라면 기회

가 있을 때 직장을 옮기는 걸 진지하게 고려해보세요. 근무 시간도 삶의 일부입니다. 스스로에게 도움이 되는 좋은 시간으로 활용해야겠죠!

오늘부터 실천할 것은 바로, 여러분을 힘들게 하는 사람들과 최대한 시간을 적게 보내는 것입니다.

이런 효능이 있어요

처음에는 이 모든 것이 불편하게 느껴지겠지만 놓아주는 과정을 통해 스스로에 대해 많은 것을 배울 수 있습니다. 여러분은 자신을 충분히 돌보고 계신가요? 자신이 왜 그렇게 쉽게 이용당하도록 두는지 스스로에게 질문해볼 수도 있을 것입니다. 혹은 왜 내 힘에 부치는데도 다른 이에게 그렇게까지 의무감을 느끼는지 물어볼 수도 있겠죠. 스스로를 더 돌보는 순간, 여러분은 긍정적인 교류가 가능한 사람들을 자신의 삶 속으로 끌어들이게 됩니다. 이스라엘 텔 아비브대학교가 진행한 연구에 따르면 우정을 제대로 평가하는 데 미숙한 사람들이 많다고 합니다. 연구팀은 관계의 절반은 상호적이지 않으며, 진정한 친구는 우리가 생각하는 것보다 적다는 것을 밝혀냈습니다. 우리 모두가 우리에게 상처가 될 수 있는 사실을 억누르는 데 매우 능숙하기 때문입니다. 우리에게 좋지 않은 영향을 미치는 사람들과 함께한다는 사실은 우리 스스로도 믿기 어렵습니다. 하지만 이는 우리에게 해가 되는 일이죠. 이제 조치를 취할 시간입니다. 明

[뷰티] 클레오파트라 목욕
부드러운 피부를 위한 여왕의 관리법

간단 요약: 목욕을 할 시간입니다. 그것도 고대 이집트의 마지막 여왕 클레오파트라가 부드럽고 빛나는 피부를 위해 사용했다고 전해지는 첨가물을 넣어서 말이죠. 이 첨가물은 피부 질환이나 류머티즘을 방지하는 효과도 있는데요, 그럼에도 불구하고 거의 비용이 들지 않고, 피부 재생을 도와주기까지 한답니다. 따뜻한 목욕물에 모든 재료를 넣고, 나중에 클레오파트라의 피부처럼 될 여러분의 피부가 물속에 너무 오래 있어서 쭈글쭈글해지지 않을 때까지만 욕조 안에 머무르세요.

저에게 목욕은 혼자 할 수 있는 최고의 일 중 하나에 속합니다. 특히 조용히 인테리어 잡지를 볼 수 있기 때문이기도 합니다. 물에 빠지면 안 되는 책이나 휴대폰을 가지고 들어갈 수는 없지만 목욕을 하면서 제대로 긴장을 풀 수는 있습니다. 초를 하나 켜두면 제일 좋고요. 너무 뻔하다고요? 그럴 수도 있지만, 저는 이 방법을 환자들에게 처방을 내릴 때 사용하기도 합니다. 욕조에 몸을 담그

고 목욕하는 것은 긴장 완화에만 좋은 것이 아니라 피부에도 정말 좋기 때문입니다. 오늘 사용할 재료들은 클레오파트라가 목욕물에 풍부하게 넣었다고 전해지는 것과 매우 유사한 것들입니다. 클레오파트라는 당나귀 젖을 사용했다고 하는데, 오늘날 마트에서 이걸 구하기는 어렵죠. 클레오파트라는 시신을 미라로 만들 때 사용했던 소금의 클렌징 효과를 알고 있었습니다. 하지만 무서워하지는 마세요. 제가 권고해드리는 양만 사용하면 안전하실 거예요☺.

이런 효과가 있어요

- 혈액순환을 촉진하고 재생 효과가 있습니다.
- 보습 및 원기 회복에 좋습니다.
- 긴장을 풀어줍니다.

이렇게 하면 돼요

준비물

- 사해 소금 400g
- 천연 또는 유기농 벌꿀 4큰술
- 일반 우유 1L
- 올리브 오일 2큰술

방법

- 욕조의 따뜻한 물에 소금을 넣으세요. 꿀, 우유, 오일을 넣고 욕조에 들어가 마음껏 즐기세요.
- 클레오파트라 목욕에서 가장 좋은 효과를 내려면, 물의 온도가 39도를 넘지 않아야 하고, 20분 이상 하지 않아야 합니다.
- 건성 피부의 경우 마지막에 물을 그냥 털어낸 후 자연건조 하세요. 지성 피부의 경우에는 따뜻한 물로 잠시 씻어내세요.
- 이 여왕의 목욕법은 1주일에 1번 즐기는 것이 가장 좋습니다. 피부에 상처가 있는 경우 소금 양을 절반으로 줄이세요.

이런 효능이 있어요

피부는 몸의 다른 많은 게으른 세포들과는 달리 지속적으로 재생이 되기 때문에 사실 매우 착한 신체 부위라고 할 수 있습니다. 우리는 28일마다 완전히 새로운 피부를 얻는데, 다만 예전 피부의 정보를 바탕으로 새 피부가 만들어지기 때문에 주름과 반점은 대부분의 경우 그대로 남습니다. 하지만 올바른 관리를 통해 피부 바깥쪽 보호막을 유지하고 재생이 잘되도록 도와주면, 노화가 빨리 진행되거나 피부 질환이 발생하는 것을 방지할 수 있습니다.

클레오파트라는 달리 할 일이 별로 없었다고 생각하실 수도 있습니다. 39세까지 살다가 생을 마감한 그녀는 노화된 피부에 대해서도 잘 몰랐겠죠. 하지만 클레오파트라의 전설적인 아름다움과 오늘날의 과학은 그녀가 옳았다는 것을 보여줍니다. 주재료인 우유와 꿀은 피부 보습을 잡아주고, 꿀의 경우 살균 효과도 있습니다. 소금은 피부의 혈액순환을 개선하고 피부 산성막을 재생시키며 소독 효과도 가지고 있습니다. 게다가 피부가 붓는 것도 막아줍니다. ▧

닻 내리는 날

세 번째 주가 끝났네요. 그동안 7개의 분야별로 팁을 하나씩 실천해보았는데요, 마음에 들었거나 그저 그랬거나 별로였던 팁이 있으신가요? 스마일 표시를 통해 점수를 매겨보세요.

Tip 1

건강: 맨발로 걷기
발에게 자유를!(62쪽)

☺ 😐 ☹

Tip 2

심신의학: 7분 파워 냅
에너지를 내기 위해 잠깐 자기!(64쪽)

☺ 😐 ☹

Tip 3

영양: 천천히 먹기
잘 씹는 것이 소화의 반(66쪽)

☺ 😐 ☹

Tip 4

자아 성찰: 저는 잘 지내요, 감사합니다!
감사로 하루를 마무리하기(68쪽)

☺ 😐 ☹

Tip 5

운동: 줄 없는 줄넘기
코피 터지지 않고 권투 선수처럼 튼튼해지기(70쪽)

☺ 😐 ☹

Tip 6

나와 당신: 잘 가라, 에너지 도둑!
힘들게 하는 친구와 절교하기(72쪽)

☺ 😐 ☹

Tip 7

뷰티: 클레오파트라 목욕
부드러운 피부를 위한 여왕의 관리법(74쪽)

☺ 😐 ☹

오늘은 특히 마음에 들었던 팁을 골라 반복해보세요. 아니면 첫 번째 주에 했던 팁(17쪽)이나 두 번째 주에 했던 팁(39쪽)을 다시 살펴보세요. 그중 어떤 팁이 지속적으로 반복하기에 좋은가요? 어떤 팁을 심지어 제대로 습관화했나요? 다수의 팁들은 1주일에 1번 해도 충분합니다. 나머지 팁들은 매일 하는 것이 가장 좋습니다.

리뷰

어떤 팁들이 마음에 들었고 별로였는지 이곳에 기록하고 이번 주에 경험한 것을
메모해보세요.

가장 마음에 든 팁과 그 이유:

....

....

....

....

....

....

....

....

다음 주에 다시 해볼 팁:
(날짜와 시간도 미리 적어보세요)

....

....

....

....

....

....

....

....

언젠가 다시 해보고 싶은 팁:

· ·

· ·

· ·

· ·

· ·

· ·

· ·

· ·

별로였던 팁과 그 이유:

· ·

· ·

· ·

· ·

· ·

· ·

· ·

· ·

· ·

이미 정기적으로 하고 있는 팁:

. . . .

. . . .

. . . .

. . . .

의견:

. . . .

. . . .

. . . .

. . . .

. . . .

아이스 강황 라떼를 위한
추가 팁

시간이 별로 없다면 계획을 조금 바꾸어서 아이스 강황 라떼를 만드세요.
강황 가루 1작은술(숟가락 가득), 검은 후추 조금과
시나몬 가루를 컵에 담으세요. 물을 조금 넣고
모든 재료를 잘 섞으세요. 그다음 얼음을 넣고
시원한 우유나 귀리 우유로 채우고 달달한
간식을 곁들이세요. 여름에 정말
맛있답니다!

4주차를 위한 준비

4주차 팁을 위한 재료 및 도구

- 이어폰, 스마트폰 또는 라디오
- 펜과 메모지
- 편지 봉투와 우표
  (대안: 컴퓨터 또는 휴대폰)
- 고급 브러시(플라스틱이나 와이어 브러시 제외), 대나무 혹은 멧돼지 털 브러시, 또는 천연 뿔빗

- 생효모 한 조각(42g)
- 스펠트밀(Spelt flour) 400g, 메밀가루 100g (글루텐 소화에 문제가 없다면 통밀가루 500g)
- 해바라기 씨, 참깨, 호박씨 각 50g (대안: 작게 자른 말린 토마토, 허브, 견과류 또는 잘게 썬 당근)
- 소금
- 사과식초
- 버터
- 파운드팬

4주차

가장 소중한 것을 찾으려면

• • •

베르디와 함께 혈압 낮추는 법으로 시작해서

명상하는 법,

세상에서 가장 간단하고 맛있는 폴콘브로트를 굽는 법,

불필요한 것들로부터 마침내 벗어나는 법,

척추를 유연하게 하는 법,

오랜 친구를 발견하는 법,

머릿결을 부드럽게 관리하는 법을 배울 거예요.

이 모든 것은 물론 매일 7분이면 된답니다!

[건강] 혈압을 낮추는 베르디와 베토벤

클래식 음악의 효과

간단 요약: 음악이 인간의 심연을 어루만지는 효과가 있다는 것은 수백 년 전부터 알려져 있습니다. 우리는 다들 제일 좋아하는 곡들을 마음속에 품고 있죠. 그런데 음악은 그 이상의 것을 할 수 있습니다. 클래식 곡들은 (거의) 모든 사람들의 마음을 진정시켜주고, 혈압을 낮추고, 스트레스와 두려움을 해소시키며, 심지어 통증도 경감시켜줍니다. 그래서 오늘은 비엔나 클래식에서 모차르트에 이르기까지 여러분의 취향대로 클래식 음악을 골라 7분 동안 들어볼 거예요.

84

이런 경험이 있으신가요? 성당에서 캐럴을 부를 때, 또는 어릴 때 연주했던 곡을 듣거나 피아노로 연주할 때 갑자기 눈물이 나는 경험이요. 마치 잃어버린 것에 대한 기억, 과거가 건네는 인사처럼 느껴질 때가 있지 않나요? 꽤나 부끄럽다고 생각되지만 저는 이런 일을 계속 경험한답니다. 어렸을 때 저는 피아노 연주를 많이 했는데 아침에 등교 전 연주하는 것, 무엇보다도 클래식을 연주하는 것을 제일 좋아했어요. 5년 전 저는 아이들과 같이 노래하고 피아노를 치는 것에 대한 재미를 새삼스럽게 다시 깨달았어요. 음악은 삶을 정말 즐겁게 해줍니다. 같은 피아노 코드를 반복적으로 듣는 것이 짜증날 때도 있습니다. 하지만 함께 노래하면 모든 갈등을 해결할 수 있다는 것, (음, 이렇게 이야기해볼까요) 일시적인 휴전을 가져올 수 있다는 것을 알게 되었습니다. 그때까지 저는 모차르트, 그리그, 베토벤을 즐길 시간과 여유가 없었습니다. 정말 아쉬운 일이죠. 왜냐하면 음악은 추억을 담고 있고, 경험을 강화해주기 때문이죠. 음악은 또한 신경계에 직접적인 영향을 미치고, 우리를 진정시켜주고 혈압을 낮춰줍니다. 우리 대부분에게 매우 유용한 일이죠.

이런 효과가 있어요

- 심박수와 혈압을 낮춥니다.
- 호흡을 진정시킵니다.
- 스트레스 호르몬을 감소시킵니다.
- 수술 전후에 통증 완화 및 진정 효과가 있습니다.

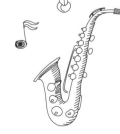

이렇게 하면 돼요

준비물

이어폰과 휴대폰 또는 수집한 음반

방법

주세페 베르디의 오페라 〈아리아〉, 루트비히 판 베토벤의 〈교향곡 제9번〉, 자코모 푸치니의 오페라 〈투란도트〉 중에 고르세요. 옥스퍼드대학교가 발표한 연구에 따르면 이 곡들이 혈압을 낮추는 데 특히 효과적이라고 합니다.

요한 제바스티안 바흐, 볼프강 아마데우스 모차르트, 게오르크 프리드리히 헨델, 아르칸젤로 코렐리, 토마소 알비노니, 주세페 타르티니의 작품을 들어서도 좋습니다. 독일 보훔 루르대학교 헤르네 마리엔 병원의 트라페 교수가 진행한 연구에 따르면 이 곡들은 심장과 순환에 좋은 영향을 미친다고 합니다. 최소 7분간 음악을, 가급적 클래식을 듣고 기분이 어떤지 관찰해보세요!

이런 효능이 있어요

고대 올림픽 당시에도 이미 도핑은 존재했습니다. 다만 원치 않은 부작용은 없었죠. 운동선수의 능력을 향상시키기 위해 음악이 사용되었습니다. 그간 다양한 증상, 외과 수술 또는 통증 치료 및 완화의학(환자가 마지막 여생을 품위 있고 최상의 삶으로 보낼 수 있도록 돕는 의학의 한 분야*)에 음악이 미치는 영향을 조사한 여러 연구가 진행되었습니다. 음악은 심장박동수를 낮추는 효과도 있습니다. 스트레스를 빨리 줄여주고, 두려운 감정이 커지지 않도록 해주며, 우울한 마음도 더 이상 심각하게 느껴지지 않도록 해줍니다. 사람들의 음악적 취향이 다 다르다고 하더라도 음악은 항상 몸과 마음에 직접적인 영향을 미치며, 이는 어린이와 성인 모두에게 해당합니다. 음악은 한편으로는 우리의 기분을 바꾸고, 심장과 순환계를 제어하는 식물성 신경계에 자극을 주어 맥박, 혈압 및 호흡수를 변화시킵니다.

옥스퍼드대학교의 한 연구에 따르면 10초 주기로 반복되는 느린 음악은 심혈 관계의 리듬과 잘 맞기 때문에 혈압을 낮추는 효과가 있다고 합니다. 심장 전문의 피터 슬레이트 교수는 음악 교육을 받은 12명과 음악을 잘 모르는 12명의 사람들을 대상으로 실험을 진행했습니다. 슬레이트 교수는 실험을 통해 일부 유형의 느린 음악이 혈압을 낮추는 데 특히 좋다는 것을 발견했습니다. 반대로 재즈나 빠른 클래식곡에서는 이러한 효과가 나타나지 않았습니다.

과거 헤르네 마리엔 병원에서 진행한 연구에 따르면 작곡가와 작곡 형태가 심혈 관계에 미치는 영향이 각기 다른 것으로 나타났습니다. 60명의 참가자를 대상으로 한 연구에서 바흐의 〈관현악 모음곡 3번〉은 혈압을 평균 7.5/4.9mmHg, 즉 140/90mmHg에서 132/85mmHg로 낮췄습니다. 심박수 또한 분당 약 7회 감소했습니다. 흥미롭게도 연구진들은 피실험자들이 헤비메탈 음악을 들을 때에도 혈압이 낮아지는 것을 관찰할 수 있었습니다. 피실험자들이 그 음악을 좋아할 경우에 말이죠. 재미있지 않나요? 📖

[심신의학]
명상을 하며 주의 깊게 움직이기
선(禪) 걷기 명상

간단 요약: 오늘은 한 걸음 한 걸음이 다 연습이라고 생각하세요. 걸음을 내딛을 때 발바닥에 전적으로 집중하세요. 오늘 하는 연습은 모든 것이 너무 버겁게 느껴져 마음을 가라앉히고 싶을 때, 혹은 집중력을 높이고 싶을 때 일상 속에서 선(禪)을 실천하는 방법으로 하기 좋습니다. 여러분은 주의를 기울이며 걷는 법을 배울 거예요. 차, 버스나 지하철을 타러 가는 길, 현관이나 구내식당으로 걸어가는 길처럼 일상적인 상황들을 이용해 가능한 한 눈에 띄지 않게 연습해보세요. 걷기를 즐기고, 길에 집중하는 것이 목표입니다.

루 씨가 중국 전통의학(TCM)의 무한한 지식을 전해주기 위해 〈하우프트자헤 게준트〉에 출연했을 때 저는 그를 처음 알게 되었어요. 루 씨에게 침을 맞았는데, 그만 크게 소리를 지르고 말았습니다. 그 후 그는 항상 저를 위해 작은 바늘을 준비해주었는데, 놀리듯 웃으며 그 사실을 강조하곤 했죠. 한번은 루 씨가 방송에서 선 걷기 명상을 보여주며, 중국의 의사들은 중증 암환자들에게 자가 치유력을 기르기 위해 걷기 명상을 치료의 중요한 부분으로 권장한다고 말했어요. 저는 당시에는 이것이 조금 이상하다고 생각했어요. 그런데 몇 년이 지나며 명상은 점차 입지를 다졌고, 이 주제에 대한 연구와 회의(심지어 미국 최대 규모의 심장학 회의에서도 다루어졌죠)가 점점 더 많이 진행되었죠. 결과는 놀라웠습니다. 어떠한 형태든 명상은 우리의 자가 치유력을 촉진하고, 혈압을 낮추고 심장과 뇌를 더 건강하게 해줍니다. 그런데 명상이 어떻게 우리 삶에 스며들게 할 수 있을까요? 오늘 알려드릴 간단한 연습법으로 한번 시도해보세요.

이런 효과가 있어요

- 집중력을 길러줍니다.
- 두려움을 없애고 마음을 진정시켜주는 효과가 있습니다.
- 혈압을 낮춥니다.
- 심장을 더 튼튼하게 해줍니다.
- 감성과 지각을 강화합니다.

86

이렇게 하면 돼요

- 양손의 엄지손가락을 교차시키고 오른손을 왼손으로 덮으세요. 명치 앞에 손을 대고(가슴골 아래 오목하게 들어간 곳 가운데) 먼저 달팽이 속도로 걸어가세요.

- 자연스러운 호흡의 리듬으로 연습하세요. 왼발을 디딜 때 숨을 들이마시고 오른발을 디딜 때 숨을 내쉬세요.

- 천천히 걸으며 발을 들어 올려 앞을 향해 뻗고 다시 바닥을 딛는 것에 집중하세요.

- 계속 반복해서 발 아래로 마음을 가라앉히세요. 그리고 발바닥에 주의를 기울이세요.

- 속도를 내서 걷고 싶다면, 모든 단계를 잘 익히세요.

이런 효능이 있어요

좌선(坐禪)은 오늘날에도 일본의 젠(禪) 사찰에서 연습되고 있는 수행법입니다. 보통 선 승려들은 내면을 정진하기 위해 오랫동안 참을성 있게 앉아 있는 것으로 유명합니다.

선은 일반적으로 선불교로도 불립니다. 인도에서 중국을 거쳐 일본으로 가며 독자적인 발전을 이루었습니다. 선은 세상의 속박, 규칙과 질서에서 벗어나고자 하는 시도를 합니다. 이를 위한 수단은 명상이며, 명상을 통해 해방 상태인 커다란 공(호), 비움에 도달할 수 있습니다.

선 명상은 미국과 유럽에서 열심히 일하는 관리자 직급들에게 좋은 평가를 받고 있을 뿐만 아니라, 많은 자연요법 클리닉들 또한 선 워크숍을 개최하고 있습니다. 선 명상 시 수행하는 몰입의 형태는 심장과 뇌, 그리고 긴장을 완화하는 능력에 긍정적인 영향을 미치는 것으로 나타났습니다.

선의 중심에는 명상, 즉 몰입이 있습니다. 대부분 앉아서 명상하며, 호흡에 특별히 주의를 기울입니다. 하지만 좌선은 절대 생각처럼 쉽지 않습니다. 따라서 주의를 기울여 행동하는 것을 중요하게 생각하는 이러한 수행법은 불안정한 마음을 가라앉히기 위한 좋은 시작이라고 볼 수 있습니다. 몸의 모든 체계는 선 걷기 명상을 통해 깊은 이완 효과를 경험하게 됩니다. 근육 및 신경계, 소화기관, 통각과 면역 방어 체계 등 말이죠.

최근 과학 연구 결과에 따르면 명상은 우리 몸의 세포 내 유전자 물질을 보호하고 뇌 구조에 긍정적인 영향을 미칠 수 있다고 합니다. 🏃 이 모든 효과는 계속 주기적으로 연습할 때 나타납니다. 매일 7분씩 연습하면 가능하겠죠?

[영양] 눈 깜짝할 사이에 굽는 빵

(아마) 세상에서 가장 빠르게 구울 수 있는 폴콘브로트

간단 요약: 빵 굽기는 위기 상황에는 물론이고, 생존 필수 요리 기술로 즐겨 활용됩니다. 짧은 시간에 갓 구워낸 빵, 원치 않는 첨가물이 들어가지 않은 빵으로 기분 좋게 하루를 시작하거나 마무리해보세요. 미각과 미뢰를 기쁘게 해줄 뿐만 아니라 섬유질이 풍부한 이 빵은 장에도 좋으며, 하루를 좋게 시작하기 위해 충분한 필수 물질과 에너지를 제공해줍니다.

호주와 다른 먼 나라의 사람들에게 독일 하면 어떤 음식이 떠오르는지 물어보면, 사람들은 맨 처음에는 당연히 자우어크라우트(잘게 썬 양배추를 발효시켜 만든 시큼한 맛이 나는 양배추 절임)와 학센(돼지고기 요리)을 이야기하고, 곧이어 폴콘브로트(Vollkornbrot, 통밀빵)를 말합니다. 실제로는 독일인의 10%만이 빵집에서 통밀 종류의 빵을 선택한다는 사실을 모르는 것이죠! 저는 개인적으로 폴콘브로트가 더 풍부한 성분과 풍미를 가지고 있다고 생각하기 때문에

이 부분이 아쉽습니다. 오늘의 과제로 빵굽기를 선택한 이유는, 집에서 구운 빵은 많은 사람들이 매우 잘 소화시킬 수 있기 때문입니다. 무엇을 넣을지 직접 선택할 수도 있기 때문이죠. 얼마나 많은 소금을 넣을 것인지(많은 경우 빵에는 엄청난 양의 소금이 숨겨져 있습니다), 어떤 첨가물을 넣을 (또는 아예 넣지 않을) 것인지, 어떤 밀가루(특히 불내증이 있을 경우), 얼마만큼의 단백질이나 건강한 오일을 넣을 것인지 말이에요. 물론 어떤 크기로 만들 것인지도 선택할 수 있습니다. 게다가 놀라울 정도로 간단하고 빠르게 만들 수 있답니다. 오븐을 예열할 필요도 없어요. 그럼 시작해보죠!

이런 효과가 있어요

- 글루텐 불내증에 적합합니다.
- 좋은 장내 세균에 영양을 공급하고, 면역 체계를 강화합니다.
- 섬유질로 소화를 촉진합니다.
- 항산화제로 세포를 보호합니다.
- 소금이 적어 혈압을 낮춥니다.

이렇게 하면 돼요

재료

- 생효모 한 조각(42g)
- 스펠트밀 400g, 메밀가루 100g (글루텐 소화에 문제가 없다면 통밀가루 500g)
- 해바라기 씨, 참깨, 호박씨 각 50g (대안: 작게 자른 말린 토마토, 허브, 견과류 또는 잘게 썬 당근)
- 소금 2작은술
- 사과식초 2큰술
- 팬에 바를 버터
- 파운드팬

조리법

- 작은 그릇에 미온수 450mL를 담고 생효모를 넣어 풀어주세요. 다른 재료는 큰 그릇에 섞고 가운데 우물을 파서 효모를 섞은 물을 부은 후 반죽하세요. 파운드팬에 버터를 바르고, 예열 전인 오븐에 넣으세요(반죽을 부풀어 오르게 두거나 오븐을 예열하지 마세요!).
- 180도에서 1시간 동안 구우세요. 꺼낸 후 식힘 망에 빵을 올려두세요. 필요할 경우 오븐에서 10분 더 구우세요.

이런 효능이 있어요

일부 곡물(밀, 호밀, 보리, 귀리)의 점착성 단백질인 글루텐은 몇몇 사람들에게는 어려운 성분입니다. 복통과 소화불량이 발생하기 때문이죠. 글루텐 불내증을 겪는 이들의 소장은 소위 포드맵(FODMAP, 발효성 올리고당, 이당류, 단당류, 당알코올류)을 충분히 분해

할 수 없습니다. 이 포드맵은 소화되지 않은 채 대장에 도달해 가스를 형성합니다. 따라서 평소 이러한 이유로 빵을 멀리하는 사람들에게는 외톨밀, 엠머밀, 듀럼밀이나 기장, 옥수수, 쌀, 테프와 같은 고대 곡물이 소화하기 훨씬 쉬울 것입니다. 점착성 단백질이 포함되어 있더라도 말이죠.

제가 알려드린 레시피 같은 딩켈브로트(스펠트밀로 만든 빵*)나 폴콘브로트는 다량의 마그네슘, 아연, 칼륨, 철분을 함유하고 있습니다. 세포를 보호하는 항산화제와 포만감을 주는 식물성 단백질도 풍부합니다. 딩켈브로트와 폴콘브로트는 흰 밀가루빵보다 5배 많은 섬유소를 가지고 있습니다. 섬유소가 있어야 소화가 잘되고, 장에서 영양 성분 수송이 잘 일어나기 때문에 이는 매우 중요합니다. 섬유소는 장내 세균에 영양을 공급해, 장내 면역 체계를 강화하는 에너지와 최종 결과물(젖산 등)의 생산 역할도 합니다. 📖

이 빵 한 조각(30g)은 4g의 섬유소를 가지고 있습니다. 독일 영양협회의 권고에 따르면 우리는 매일 30g의 통밀 제품, 콩류, 채소 및 샐러드를 섭취해야 합니다. 빵에 들어 있는 씨앗은 세포를 보호하는 오메가3지방산과 파이토케미컬을 추가적으로 함유하고 있답니다. 오메가3지방산의 건강 효과는 이미 다방면으로 입증되었습니다. 오메가3지방산은 항염 효과가 있고 심장 부정맥을 막아주며, 침전물로부터 관상동맥을 보호합니다. 빵 2조각을 먹으며 하루를 시작해보세요.

신선한 빵은 깨끗한 면포로 감싸 브레드 박스에 보관하는 것이 가장 좋습니다.

[자아 성찰] 모든 것을 비우세요!

정리하고 나누어주며 비우고 심호흡하기

간단 요약: 정리는 긴장을 풀고, 더 중요한 것들을 위해 머리를 비워내는 데 도움이 됩니다. 머리를 비우고 나면, 예를 들어 필요한 모든 것을 이미 소유하고 있다면, 어떤 내면의 욕구를 채우고 싶은지 알아내 볼 수 있겠죠. 오늘의 7분은 주변을 정리하는 데 사용하세요. 이때 우리는 다음 방법을 사용할 거예요. 바로, 셋, 둘, 하나, 무(無).

90

여러분을 정말 웃게 만들 연구들이 있습니다. 하나 말씀드려볼게요. 온갖 물건이 어질러져 있는 정신없는 부엌에서 지내는 여성들이 잘 정돈된 부엌에서 노동하는 여성들과 비교해 식습관이 어떻게 다른지 조사한 연구가 있어요(왜 여성만이냐고요? 저도 묻고 싶네요). 이 연구 결과에서 가장 시급한 문제, 그러니까 제가 왜 계속 체중 문제로 힘들어해야 하는지에 대한 답을 드디어 찾았지 뭐예요. 연구 결과는 정말 놀라웠어요. 정돈되지 않은 부엌의 여성들은 정돈된 부엌의 여성들보다 초콜릿 쿠키를 훨씬 자주 집어 들었어요. 반면 당근 조각은 찾지 않았죠. 그럴 줄 알았어요. 제가 이렇게 지방이 많은 건 남편이 너무 어지르기 때문이에요! 하지만 자주 청소하는 것이 좋은 이유는 이것 말고도 많답니다. 오늘부터 바로 청소를 시작하고 당근 조각들을 썰어보세요.☺

이런 효과가 있어요

- 집중력이 높아지고 결정을 내리기가 쉬워집니다.
- 더 이상 물건을 찾아다니지 않아도 되기 때문에 시간이 더 생깁니다.
- 내면이 '정돈'된 느낌을 받습니다.
- 다른 일들에 마음을 뺏기지 않기 때문에 창의적이 됩니다.
- 물건들을 이고 지며 다닐 일이 줄어들기 때문에 더 유연해집니다
- 마음이 더 자유로워집니다.

이렇게 하면 돼요

오늘은 7분 동안 집 안을 돌아다니면서 최소 3가지를 정리하세요. 부엌에서 깨진 그릇이나 컵, 금이 간 유리잔을 정리하거나, 거실의 오래된 잡지, 더 이상 사용하지 않는 CD 스탠드, 아무도 신경 쓰지 않는 장식품이 된 화분 등이요. 벽에 걸려 있는 장식이나 그림들을 볼 때 실제로 여전히 만족스러운지 잘 생각해보고 그렇지 않다면 그만 정리하세요. 고칠 수 없어 사용하지 않는 물건들도 버리세요. 깨끗하고 흠 없는 옷과 물건들은 잘 모아 자선단체에 기부하거나 헌옷수거함에 넣으세요. 그냥 버리는 것이 더 빠르긴 하지만 지속 가능성을 생각하며 행동하면 기분이 더 좋아질 거예요.

이런 효능이 있어요

천재들은 혼돈마저 지배하기 때문에 청소는 멍청이들이나 하는 일이라고요? 우리는 모두 위험할 정도로 높게 쌓인 책과 종이 더미, 그 위에 얹어둔 낡은 커피잔 등에 둘러싸인, 상대성이론을 고안해낸 천재적인 두뇌의 이미지를 알고 있습니다. 아마 여러분 중에는 아인슈타인의 이름을(그는 진짜 천재였지만!) 들먹이며 자신과 자신의 혼돈 상태를 포장하려고 한 사람도 있을지 모릅니다. 여러분이 정말 혼돈 속에서 최고의 능력을 발휘할 수 있는 몇 안 되는 사람들 중 1명일지도 모르죠. 그런데 어쨌든 혼돈과 천재성은 사실 연관이 없습니다. 너저분한 사람들이 새로운 것, 특히 창의적인 일에 열려 있다는 말은 어느 정도 맞는 것 같지만요. 어떤 연구에서 밝

힌 결과에 따르면, 작업실에서든 집에서든 정말 필요한 것만 남기고 물건을 정돈하고 줄이면 중요한 것을 인식하고 현명한 결정을 내리는 것이 더 쉬워진다고 합니다. 신경과학자, 심리학자, 그리고 물론 빼놓을 수 없는 청소의 여왕 곤도 마리에는 정돈된 환경이 여러 면에서 유익하다는 데 동의합니다. 다수의 연구는 주위가 어질러져 있으면 주의가 분산되기 때문에 과제의 우선순위를 제대로 설정하기 어렵다는 것을 밝혀냈습니다. 또 다른 연구에 따르면 혼란스럽고 어수선한 환경은 심지어 불안, 우울증, 스트레스, 체중 증가 등 건강 문제와도 연결된다고 합니다. 실제로 사람들은 주변이 지저분할 때 간식을 먹을 가능성이 더 높고, 남을 도우려는 마음이 적어지며, 새로운 것에 그다지 열려 있지 않은 것처럼 보입니다.

아마 그냥 이런 것일지도 몰라요. 정보와 이미지가 과도하게 넘쳐나는 세상에서 사람들은 집에서만큼은 한눈에 다 파악할 수 있는 환경, 그래서 신경을 끌 수 있는 환경이 필요한 것이죠. 곤도 마리에 이전에도 정리정돈은 가장 저렴한 방법으로 집을 예쁘게 보이도록 하고, 더 많은 질서와 평화를 만드는 이상적인 방법이었답니다.

[운동] 허리 기공
부드러운 움직임으로 척추가 숨을 쉴 수 있도록

간단 요약: 중국 전통 의학에 따르면, 기공을 규칙적으로 수련하는 사람은 자신의 웰빙을 위해 노력하고 삶을 '보살피는' 사람입니다. 기공에는 '하늘의 별'과 같은 수련 동작들이 있습니다. 천천히 의식적으로 수련하며, 항상 숨을 깊게 들이쉬고 내쉬는 이 수련은 아침에 자고 일어나서 몸이 아직 조금 뻣뻣하고 허리가 아플 때 하면 가장 좋습니다. 물론 하루를 보내다가 중간에 하셔도 좋고요. 오늘 7분 동안 수련해보세요.

나이가 든다는 것은 즐겁기만 한 일은 아닙니다. 몸매를 유지하는 데 따르는 어려움은 말할 것도 없고, 예쁘고 멋있게 보이는 것이 점점 힘들어집니다. 중부독일방송 행사에 참석할 때면 저는 항상 정말 날씬하고 몸매도 예쁜, 나이 든 여성 시청자분들을 만났습니다. 저는 어떻게 그렇게 건강해 보이시냐고 바로 질문 세례를 퍼붓곤 했습니다. 그러면 대부분 아침마다 운동을 한다는 대답을 해주셨어요.

정말 간단해 보이지만 사실 그러기 위해서는 규율 또는 재미 혹은 둘 다 필요합니다. 아이들과 함께 아시아 국가들을 방문했을 때 장년층 대부분이 공원에서 춤을 추는 모습에 놀랐습니다. 그들은 마치 테니스 라켓 없이 테니스를 치는 것처럼 넓은 움직임으로 절도 있게 춤을 추는 것이었습니다. 태극권이나 기공은 좋은 몸매를 만들어줄 뿐만 아니라 심장과 폐를 튼튼하게 해주고, 균형감, 힘, 지구력을 길러줍니다. 오늘 2개의 동작을 해보며 깊이 심호흡을 해보세요. 아침에 수련을 하고 모닝 커피를 마신 후 하루를 시작하면 가장 좋아요!

이런 효과가 있어요

- 혈압을 조절해줍니다.
- 지방 대사를 개선합니다.
- 민첩함과 지구력, 균형감을 길러줍니다.
- 기분을 좋게 해줍니다.
- 허리 통증을 완화하는 효과가 있습니다.
- 집중력을 길러줍니다.
- 신경계를 조절하고 마음을 진정시켜줍니다.

이렇게 하면 돼요

모든 동작은 가능한 천천히, 부드럽게 해주세요. 깊게 숨을 들이쉬고 내쉬는 데 집중하고 목과 허리의 긴장을 풀어주세요.

하늘을 움직이고 땅을 어루만지기

- 다리를 골반 넓이로 벌리고 선 다음 무릎을 가볍게 굽히세요. 가슴을 똑바로 세우고 어깨는 귀에서 멀어지도록 내려주세요. 겨드랑이 밑에 약간의 공간을 만들고 팔을 양옆으로 바닥을 향해 늘어뜨리세요. 이제 손을 깍지 낀 후 아랫배 앞으로 작은 바구니처럼 둥글게 만들어주세요.
- 숨을 들이쉬면서 팔을 앞으로 올려 머리 위까지 들어 올리세요. 손바닥이 하늘을 향하도록 하세요. 손은 계속 깍지를 낀 상태로 두세요.
- 숨을 내쉬며 몸을 오른쪽으로 굽히되 편안한 상태에서 최대한 기울여주세요. 숨을 들이쉬며 다시 가운데로 돌아오세요. 숨을 내쉬며 왼쪽으로 내려가세요. 들이쉬는 숨에 다시 몸을 세우고, 내쉬는 숨에 몸을 뒤로 굽히며 시선은 손을 향하도록 하세요. 들이쉬는 숨에 다시 몸을 세워 머리와 목이 직선이 되도록 하세요.
- 천천히 몸을 앞으로 숙이며 무리하지 않는 선에서 최대한 바닥을 향해 굽히세요. 손바닥은 바닥을 향하게 하세요.

- 숨을 들이마시며 손을 뒤집어 손바닥이 위를 향하도록 하고 천천히 척추를 하나씩 펴는 느낌으로 올라오세요.
- 다시 맨 처음부터 시작하여 8번 반복하세요.

이런 효능이 있어요

우리 중 대부분은 잘못된 자세로 척추에 부담을 주기 때문에 지속적으로 통증을 느낍니다. 이때 도움이 되는 유일한 방법은 규칙적으로 스트레칭하고 근육을 단련하는 것입니다. 기공이나 태극권(섀도 복싱)에서는 척추를 안쪽에서 바깥쪽으로, 아래에서 위로 길게 늘여주는 것이 중요합니다. 이때 꼬리뼈가 있는 척추의 아랫부분은 바닥을 향해 내려가고, 경추가 있는 윗부분은 하늘을 향해 올라갑니다. 이렇게 척추는 곧아지고 각 척추골은 더 자유로워지죠. 기공 등의 정통 중국 수련법을 일상에서 규칙적으로 (아침에 공원이나 집 정원에서 해볼 수 있겠죠) 수련하는 사람은 이외에도 더 많은 효과를 볼 수 있습니다. 다수의 연구는 이러한 수련이 혈압과 혈중 지질을 낮추고 기분을 좋게 해주기 때문에 특히 심장 질환자들에게 엄청난 도움이 된다는 것을 보여주고 있습니다.

중요한 수련 효과 중 하나는 긴장을 풀어주는 것입니다. 척추에 통증이 없는지, 침착하게 호흡을 하는지 느껴보세요.

[나와당신]
오랜 친구를 찾아 삶에 활력 불어넣기
어디 계신가요? 저는 여기 있어요!

간단 요약: 지하실에서 친구의 시체를 찾으세요. 여러분이 정말 미안하다고 느끼는 친구요. 연락하지 않고 지내는 것이 아쉽게 느껴지는 친구는 누구인가요? 잠깐 앉아서 살아 있다는 신호를 보내세요. 문자, 편지, 이메일을 보내거나 정말 용기를 내서 전화를 걸어보세요. 그런 다음 기다리거나 나중에 다시 부드럽게 메시지를 받았는지 물어보세요.

저는 제 인생의 한 구간, 부끄럽지만 상당히 긴 기간 동안 신경 쓰지 않았던 사람이 바로 떠올랐기 때문에 오래 고민할 필요가 없었어요. 제대로 고민해본다면 그런 사람들의 목록이 점점 더 길어지겠죠. 7분이라는 시간만 주어져서 다행이라고 생각했어요. 그중 대부분의 시간은 메시지를 작성하는 데 써야 하니까요.

사실 여러분도 어떤 사람이 정말 아쉽다고 느껴지는지 바로 떠오르실 거예요. 요즘 곁에 있었으면 좋겠다고 생각하는 사람, 오늘 하루를 어떻게 보내고 있을지 자주 생각하게 되는 사람이요. 아마 그런 생각이 들면 그때 더 잘했어

야 했는데 하고 어느 정도 부끄러운 감정이 수반될지도 몰라요. 상처받은 자존심 때문이었나요? 그냥 어쩌다 보니 멀어졌나요? 아니면 멀어진 이유조차 잊어버리게 되었나요? 만약 그렇다면 상대방도 그럴지 몰라요. 좋은 점은 시간이 흘러 그런 일은 다 묻히고, 예전의 친밀감은 아직 그 자리에 있다는 것이죠. 정말 좋은 감정입니다. 지난 50년을 돌아보면 진정으로 제 곁에 있어주고 저를 어루만져준 사람들은 별로 많지 않다고 말할 수 있어요. 이런 사람들이 더 이상 제 삶에 없다는 것은 아쉬운 일이죠. 제가 노력한다면 가능한 일인데도 말이에요.

이런 효과가 있어요
- 풍요로워집니다.
- 활기차집니다.
- 조화로워집니다.

94

이렇게 하면 돼요

준비물

- 펜
- 메모지
- 편지 봉투
- 또는 컴퓨터나 휴대폰

방법

- 누가 그리운지, 누구에게 짧은 메시지를 보낼 가치가 있을지 생각하세요. 여기서 제가 말하는 사람들은 여러분이 그리워하지 않는 사람들이 아닙니다. 여러분의 삶의 한 구간을 함께했고, 그럴 만한 시기였기 때문에 다른 길을 간 사람들을 말하는 거예요. 가까웠던 사람, 여러분을 아프게 했을지 모르지만 계속해서 생각나는 사람 말이에요. 그리고 그립기도 한 사람이요.

- 이제 어려운 부분입니다. 간단한 인사를 적고, 어떻게 지내는지 물어보세요. 함께했던 일, 즐거웠던 일들을 연결지어 적어도 좋습니다. 그다음 여러분의 상황을 솔직하게 적어보세요. 유머러스하게 써볼 수도 있겠죠. 그동안 무슨 일이 있었는지 짧게 적으세요.

- 연락을 달라는 부탁으로 마무리하고 진심을 담은 인사를 건네세요. 어떤 방향으로 가게 되든지요. 인터넷에서 못 찾는 사람은 없습니다.

이런 효능이 있어요

영국에 외로움 담당 부처가 있는 데는 이유가 있습니다. 2018년부터 해당 부처는 사람들이 익명과 고립으로부터 벗어날 수 있도록 영국 정부와 함께 노력하고 있습니다. 테레사 메이 전 영국 총리는 외로움 담당 부처와 함께 '현대인의 삶의 슬픈 현실'에 맞서겠다고 선포했습니다. 브렉시트의 결과를 염두에 두면서 한 말일지도 모르지만, 어쨌든 그 전부터도 9백만 명의 영국인들은 외로움을 겪고 있었습니다.

팩트를 하나 말씀드릴게요. 독일에서도 4천1백만 가구 중 1천7백만 가구가 1인 가구입니다. 가족 규모가 점점 축소되고 서로 멀리 떨어져서 살고 있습니다. 하지만 인생의 어려운 시기에는 특히 소중한 사람들을 곁에 두고 새로운 친구들을 사귀는 것이 중요합니다. 안타깝게도 인터넷은 사람들이 더 쉽게 자신의 안전지대(Comfort Zone) 안에 머물게 하지만 동시에 잃어버린 사람들을 찾아낼 수 있도록 도와주기도 하죠.

외로움을 예방하는 것은 또 다른 중요한 측면을 가지고 있습니다. 오늘날 우리는 심신상관(마음의 움직임이 생명 활동의 움직임과 서로 밀접한 관계에 있다고 보는 이론*), 즉 외로움이 우리를 실제로 아프게 할 수 있다는 것을 알고 있습니다. 혼자 사는 사람들의 경우 우울증, 불안 및 강박이 1.5배에서 2.5배까지 더 자주 나타나며, 건강하지 못한 생활 습관을 가질 확률도 높습니다. 이는 심장마비와 뇌졸중을 야기할 수 있습니다.

우리는 사회적 존재여서 교류가 중요합니다. 오랜 친구들과는 그동안 이미 많은 공통점을 만들어두었으니, 이제 교류를 시작해봅시다!

[뷰티] 꿈결 같은 머리를 만드는 빗질

빗질로 아름다운 머릿결 만들기

간단 요약: 튼튼하고 건강한 머리카락은 아름다움과 활력의 상징입니다. 여성뿐만 아니라 남성에게도 말이죠. 오늘은 7분 동안 고전적인 방법으로 알려진 '100번 빗질하기'를 해보실 것을 추천해드립니다. 과거 어머니들은 딸에게 이 방법을 전수하고는 했죠. 빗질은 실제로 긴 머리든 짧은 머리든 상관없이 두피에 좋고, 모발 구조를 개선시키며, 머리가 빨리 자라도록 자극하는 효과가 있습니다.

집에 10대 여자 아이들이 있나요? 그렇다면 저와 마찬가지로 서랍에 빗이 하나도 없으실 것 같네요. 저는 계속 제 빗들을 찾아 뛰어다니며 빗을 제발 제자리에 두라고 호소하고 간청합니다. 아니, 도대체 제가 산 빗 10개가 다 어디로 갔는지! 제 딸들은 자기 머리를 사랑하고, 머릿결을 위해서라면 무엇이든 한답니다. 지금 두 딸 중 하나는 머리끝을 라즈베리 색으로 물들였고, 다른 한 명은 머리 전체가 청록색이에요. 동시에 아이들은 본인들의 헤어 스타일을 싫어하기도 합니다. 다른 아이들의 스타일을 탐내며 펌이나 염색을 하고 싶어 하죠. 저는 20대 때 태국에서 걸린 병으로 인해 머리카락이 거의 다 빠졌었고, 모자를 쓰지 않고 다닐 수 있을 때까지 몇 년의 시간이 필요했습니다. 그 이후로 저는 제 머리카락 한 올 한 올이 소중하다는 것을 알고 꼼꼼히 빗어줍니다. 오늘은 여러분도 함께해볼 거예요. 시작해봅시다!

이런 효과가 있어요

- 모발의 표면을 매끄럽게 해줍니다.
- 머리카락에 윤기를 더해줍니다.
- 두피의 혈액순환을 도와 머리카락이 잘 자라도록 도와줍니다.

이렇게 하면 돼요

준비물

- 고급 브러시(플라스틱이나 와이어 브러시 제외), 대나무 혹은 멧돼지 털 브러시가 가장 좋습니다.
- 또는 천연 뿔빗

방법

- 천천히 조심스럽게 빗어주세요. 머리카락을 잡아당기면 모발이 빠지거나 손상될 수 있습니다.
- 아침에 앉은 상태로 머리가 허리 높이에 올 때까지 몸을 앞으로 숙이세요. 빗으로 목 뒤쪽부터 정수리까지 두피를 지압하듯 빗어줍니다. 3구역으로 나누어 각 10번씩 빗으세요. 그다음 귀에서 정수리까지 왼쪽과 오른쪽 각 10번씩 빗으세요. 자연스럽게 발생한 유분(피지와 땀)이 머리카락 전체와 끝부분에 고르게 분포되도록 모발 끝까지 빗어야 합니다.

다시 허리를 세우고 이마에서 정수리 부분까지 3구역으로 나누어 각 10번씩 빗어주세요. 마지막 20번은 정수리에서 모발 끝까지 빗어주세요. 정전기를 줄일 수 있도록 빗을 때마다 사용하지 않는 쪽 손으로 모발을 뒤따라 쓸어주세요. 마지막에는 손으로 모발을 흔들어주세요. 모발이 탐스러워졌을 뿐만 아니라 머리가 맑아지기도 했다는 것을 느끼실 수 있을 거예요.

이런 효능이 있어요

하루에 100번 빗질을 하는 것은 머리를 며칠에 1번조차 감을 수 없었던 시절에 생긴 방법입니다. 19세기에는 귀족들도 약 2주에 1번씩만 머리를 감을 수 있었습니다. 당시 사람들은 머리가 마음에 들지 않는 날에는 가발을 쓰거나 붓꽃 분말을 머리에 뿌렸습니다. 이 분말은 두피의 피지를 흡수해서 머리가 그다지 기름져 보이지 않게 하는 효과가 있었습니다. 머리에 뿌려진 흰 분말이 잘 보이지 않도록 하기 위해 사람들은 꼼꼼하게 빗질을 했습니다. 그러다가 언젠가 100번 빗질하는 법이 탄생한 것이죠.

보통 하루 70~100개의 머리카락이 빠집니다. 우리 머리에 평균 10만 개의 머리카락이 있다고 했을 때 이 숫자는 그렇게 많아 보이지 않죠. 하지만 장기간 동안 매일 100개의 머리카락이 빠진다면 의사들은 이를 탈모라고 부릅니다.

많이 빗은 머리가 건강해 보이는 것은 빗질이 모발의 표면을 매끄럽게 해주기 때문입니다. 큐티클이 모발에 밀착되면 난반사 없이 빛을 더 잘 반사해 윤기 나는 머릿결로 보이게 해줍니다. 또한 빗질은 두피의 혈액순환을 촉진하고 림프계를 자극합니다. 이는 아름답고 풍성한 모발을 유지하고, 모발의 성장과 두피의 피지 생성을 촉진하는 데 중요합니다. 📖

닻 내리는 날

네 번째 주가 끝났습니다. 그동안 7개의 분야별로 팁을 하나씩 실천해보았는데요, 마음에 들었거나 그저 그랬거나 별로였던 팁이 있으신가요? 스마일 표시를 통해 점수를 매겨보세요.

Tip 1

건강: 혈압을 낮추는 베르디와 베토벤
클래식 음악의 효과(84쪽)   ☺ 😐 ☹

Tip 2

심신의학: 명상을 하며 주의 깊게 움직이기
선(禪) 걷기 명상(86쪽)   ☺ 😐 ☹

Tip 3

영양: 눈 깜짝할 사이에 굽는 빵
(아마) 세상에서 가장 빠르게 구울 수 있는 폴콘브로트(88쪽)   ☺ 😐 ☹

Tip 4

자아 성찰: 모든 것을 비우세요!
정리하고 나누어주며 비우고 심호흡하기(90쪽)   ☺ 😐 ☹

Tip 5

운동: 허리 기공
부드러운 움직임으로 척추가 숨을 쉴 수 있도록(92쪽)   ☺ 😐 ☹

Tip 6

나와 당신: 오랜 친구를 찾아 삶에 활력 불어넣기
어디 계신가요? 저는 여기 있어요!(94쪽)   ☺ 😐 ☹

Tip 7

뷰티: 꿈결 같은 머리를 만드는 빗질
빗질로 아름다운 머릿결 만들기(96쪽)   ☺ 😐 ☹

지난 3주를 다시 한 번 돌아보세요. 첫 번째 주(17쪽), 두 번째 주(39쪽), 세 번째 주(61쪽). 어떤 팁들이 특별하게 느껴지는지 여기에 적어보세요. 계속하고 싶은 팁은 어떤 것인가요?
중간 정도로 마음에 들어서 다시 한 번 기회를 주고 싶은 팁은 무엇인가요?

리뷰

어떤 팁들이 마음에 들었고 별로였는지 이곳에 기록하고 이번 주에 경험한 것을 메모해보세요.

가장 마음에 든 팁과 그 이유:

. . . .

. . . .

. . . .

. . . .

. . . .

. . . .

. . . .

. . . .

다음 주에 다시 해볼 팁:
(날짜와 시간도 미리 적어보세요)

. . . .

. . . .

. . . .

. . . .

. . . .

. . . .

. . . .

언젠가 다시 해보고 싶은 팁:

. . . .
. . . .
. . . .
. . . .
. . . .
. . . .
. . . .
. . . .
. . . .

별로였던 팁과 그 이유:

. . . .
. . . .
. . . .
. . . .
. . . .
. . . .
. . . .
. . . .

이미 정기적으로 하고 있는 팁:

....

....

....

....

의견:

....

....

....

....

....

저녁 빗질로
두피를 이완하기 위한 추가 팁

아침에 꼼꼼하게 신경 쓰며 빗질을 하면 밤새 쌓인 먼지와 각질로부터 두피를 해방시킬 수 있습니다. 반면 저녁에 하는 빗질은 두피의 엉켜 있는 근막 조직을  풀어주기 때문에 두피 근육을 이완하는 효과가 있습니다. 탈모로 고통받는 사람들은 추가적으로 쐐기풀 차를 두피에 마사지하는 것이 좋습니다. 말린 쐐기풀 잎 1작은술을 뜨거운 물 1컵에 데치고, 체에 거른 후 식힙니다. 두피에 마사지한 후 주무시는 동안 효과가 있도록 두세요.

5주차를 위한 준비

5주차 팁을 위한 재료 및 도구

- 오트밀
- 밀배아
- 건포도 또는 크랜베리
- 아마씨
- 견과류(원하는 종류로)
- 씨앗(원하는 종류로)
- 유기농 사과 1개
- 우유 또는 요거트 또는 귀리 우유나 아몬드 우유 또는 기타 식물성 음료

- (취향에 따라) 냉동 베리 또는 카카오닙스(카카오빈 조각)
- 유기농 레몬 1개
- 아몬드밀(Almond Meal) 혹은 오트밀 분말
- 물 또는 버터밀크
- 꿀

5주차

새롭게 시작하는 생활 습관들

· · ·

5주차가 시작되었습니다.

일단 스마트폰을 끈 다음,

안티 스트레스 호흡법을 연습하고,

내면의 가치 나침반을 찾고,

웰빙 미니 근막 운동을 해보고,

세상의 모든 갈등을 해결하기 위한 모델을 모색하고,

상큼한 레몬 같은 피부를 위한 관리법을 배울 거예요.

[건강] 그냥 끄세요
휴대폰 불빛과 주의력 분산을 최소화하기

간단 요약: 요즘 학자들은 휴대폰이 건강에 미치는 영향에 대한 연구를 많이 하고 있습니다. 최근 5G, 다음 세대 이동통신 및 그 통신망이 큰 우려를 낳고 있죠. 하지만 5G망이 건강에 위험 요소로 작용할지는 아직 불확실합니다. 그래도 우리는 그 위험성을 최소화해야겠죠. 그래서 오늘은 독일 연방 방사선방호청(BfS)이 권고한 바를 따를 거예요. 바로 '적을수록 좋다'는 것이죠. 오늘은 여러분의 휴대폰 사용 습관을 간단히 체크하고, 하루 동안 휴대폰 전원을 꺼둘 거예요. 그다음 오늘의 7분은 오후에 혹은 시간이 될 때 집중해서 오늘의 경험이 어땠는지 짧게 생각해보는 데 사용하시면 됩니다.

저는 제 첫 휴대폰을 항상 지니고 있었어요. 휴대폰은 제 안의 무언가를 변화시켰고, 일상생활을 점점 방해했습니다. 휴대폰이 울리면 전화를 받으러 달려갔죠. 말하자면 휴대폰에 우선권을 부여했던 거예요. 이는 무례할 뿐만 아니라 저에게 엄청난 스트레스가 되었어요. 게다가 전화를 거는 사람들은 항상 저 또한 통화를 할 시간이 있을 것이고, 그 이야기를 나눌 준비가 되어 있을 거라고 생각하죠. 이상한 일이에요. 저를 구제한 것은 자동응답기의 존재를 깨닫고

사용하기 시작한 거였어요. 그러면 제가 시간이 날 때 다시 전화를 걸 수 있었죠. 요즘 우리는 모두 계속해서 짧은 메시지를 보내고 있는데, 이 또한 쉽지 않은 문제입니다. 여기저기서 알림 소리가 울리고, 휴대폰을 항상 시야에 두고 집중하지 못한 채 머릿속은 휴대폰을 향하고 있죠. 우리는 언제나 연락을 받을 수 있어야 한다고 생각하고, 이것이 우리에게 어떤 영향을 미치는지 잊어버립니다. 전자파 문제는 물론이고요. 그래서 오늘은 우리를 조금이라도 더 잘 보호할 수 있는 근본적이면서 효율적인 팁을 실천해볼 거예요.

이런 효과가 있어요

- 휴대폰의 전자파를 줄입니다.
- 전기를 절약하고, 배터리를 아낍니다.
- 삶을 조금 더 미니멀하게 만들고, 삶에 더 집중할 수 있게 합니다.
- 연락을 받지 않아도 되어 긴장을 풀 수 있습니다.

이렇게 하면 돼요

● 휴대폰을 가능한 한 자주 꺼두는 것, 그것 부터 시작할 거예요. 예를 들어 배터리를 충전할 때도 휴대폰을 꺼놓을 수 있겠죠. 배터리는 꺼진 상태에서 더 균일하게 충전이 되기 때문에 제품의 수명을 연장할 수 있습니다.

● 잠자리에 들기 전에 휴대폰을 최소한 비행기 모드로 전환하세요. 아예 전원을 끄는 것이 제일 좋습니다.

● 휴대폰을 몸에서 최대한 멀리 두고 헤드셋이나 핸즈프리로만 통화하세요.

aus die Maus

이런 효능이 있어요

약 10년 전 세계보건기구 산하 국제암연구소(IARC)는 휴대폰의 전자기방사선(전자파)을 발암 가능 물질로 분류했습니다. 국제암연구소는 일반적으로 전자파가 얼마나 많이 발생하는지는 함께 발표하지 않았습니다.

휴대폰의 방사선(radiation)은 전자기파이며, 전자레인지의 방사선처럼 인공적으로 만들어진 고주파수에 속합니다. 다만 엑스선이나 방사선(radioactive rays)과는 다르게 비전리 방사선이죠. 이는 우리 몸의 모든 세포에 있는 유전물질을 손상시킬 수 없다는 것을 의미합니다. 하지만 그럼에도 휴대폰의 전자기방사선은 우리 건강에 영향을 미칠 수 있습니다. 일례로 전자파가 세포의 유전물질이 자연 복구되는 과정을 방해할 수 있

는지 여부에 대한 논의는 지속되고 있습니다. 전자레인지의 전자파처럼 휴대폰의 전자파 또한 물 분자를 이동시키는데요, 이때 열이 발생하고, 체조직 내 온도, 특히 휴대폰이 우리 몸에 닿는 곳의 온도가 상승합니다. 물론 휴대폰이 발신 또는 수신 중일 때에만 발생하는 현상인데요, 이때 전자파가 얼마나 깊이 침투할 수 있는지, 어떤 조직이 전자파의 영향을 받을 수 있는지 결정하는 것은 주파수입니다. 주파수가 낮을수록 방사선은 깊이 침투합니다. 1GHz 이하의 주파수에서는 몇 센티미터 정도, 10GHz 이상부터는 몇 밀리미터 침투하며, 60GHz에서는 아예 침투하지 않습니다. 이는 고주파를 사용하는 5G 전자파의 경우 기존의 2G 또는 3G망의 전자파보다 체조직에 더 얕은 깊이로 침투한다는 것을 의미합니다. 📖

휴대폰의 전자파, 특히 5G의 전자파가 세포 장애, 종양 또는 건강 이상 유발 여부는 앞으로 오랜 기간 철저히 연구해 밝혀내야 할 것입니다. 신뢰할 수 있는 연구 결과가 나올 때까지는 일단 위험성을 줄여보세요. 건강 측면에서 보았을 때 휴대폰을 바지 주머니에 넣어두어서는 안 된다는 점만은 확실합니다. 기기에서 짧은 거리만 떨어져도 전자파의 영향이 미치지 않기 때문에 헤드셋이나 핸즈프리 장비를 이용하면 전자파를 손쉽게 줄일 수 있습니다. 휴대폰의 전원을 끄면 전기와 배터리도 절약할 수 있습니다.

휴대폰을 끄면 스스로를 효과적으로 고립시킬 수 있어요. 자유 시간도 많아지고, 스마트폰을 계속 쳐다보는 중독도 잠시나마 사라진다는 점도 잊어서는 안 될 장점이겠죠?

[심신의학] 숨을 내쉬며 화 내보내기
부정적인 감정에게 기회를 주지 마세요

간단 요약: 오늘은 화가 나고 스트레스를 받는 상황을 다르게 대처하는 법을 배워볼 거예요. 우리의 숨은 감정의 균형을 보여주는 예민한 지표입니다. 여기서 좋은 점은 우리가 숨을 의식적으로 제어할 수 있고, 이를 통해 분노나 두려움과 같은 부정적인 감정과 스트레스에 더 잘 대처할 수 있다는 것입니다. 오늘은 여러분의 7분을 위해서 간단하고 효과적인 호흡 연습을 준비했어요. 힘들고 버겁다는 느낌이 들 때면 언제나 활용하실 수 있는 방법입니다.

왜 우리 몸속에서 혼자서도 저절로 잘 이루어지는 호흡에 대한 팁을 주려고 하는지 저에게 물어보신다면, 네, 좋은 포인트를 지적하셨습니다. 만약 호흡이 차분히 잘 이루어질 경우라면 말이죠. 제가 호흡에 매혹된 이유는 우리가 호흡을 통해 몸을 통제할 수 있기 때문입니다. 옆에 고함을 지르는 이웃이 있다고, 아니면 중요한 회의가 있는데 출근길 버스를 놓쳤다고 생각해보세요. 이런 나쁜 상황에서 여러분의 몸은 땀이 나고 심장이 뛰고 얼굴이 빨개지는 등의 반응을 보일 거예요. 무엇보다도 자동적으로 호흡이 가빠지고 얕아

질 텐데요, 이러한 몸의 반응은 별로 도움이 되지 않습니다. 우리에게 필요한 건 냉철한 머리죠. 자, 바로 이럴 때 할 수 있는 방법이에요. 침착하게 호흡을 하며, 머리에게 숫자를 세라고 명령합니다. 그러면 뜨거워진 머리는 '내 몸의 다른 부분이 이렇게 침착하게 숨을 쉬고 있다면 상황이 그렇게 나쁠 수는 없을 것'이라고 생각하게 되죠. 이제 모든 것이 차분해지고 진정됩니다. 이웃이 계속 고함치는 동안 여러분의 머리는 다시 생각하기 시작하고, 조용히 해결책을 모색한 다음, 택시를 잡습니다.

이런 효과가 있어요
- 화나 두려움을 완화하고 진정시킵니다.
- 소화를 촉진합니다.
- 혈압, 심장, 순환을 안정시킵니다.
- 기억력을 향상합니다.

이렇게 하면 돼요

간단한 3가지 방법을 알려드릴 텐데요, 차례로 이어서 하셔도 되고 하나씩 따로 하셔도 좋습니다.

- **깊은 복식호흡**: 숨이 얕아지고 산소가 더 필요하다는 느낌이 들 때 하면 좋은 호흡법이에요. 서서 또는 누워서 두 손을 배 위에 올리고 숨을 들이쉬면서 횡경막과 복벽이 올라가는 것을 손바닥으로 느껴보세요. 숨을 내쉴 때는 손이 무거워진다고 생각하세요. 이제 횡격막이 움직이면서 배가 다시 작아지는 것을 인지해보세요.

- **스트레스 내쉬기**: 빨리 차분해지기 위해서는 숨을 내쉴 때 조금 천천히 길게 쉬는 것이 좋습니다. 숨을 들이쉴 때 속으로 넷까지 세고 내쉴 때는 여섯까지 세세요. 그런 다음 숨을 참고, 숨을 다시 쉬어야만 한다는 느낌이 들 때 다시 들이쉬세요. 참, 걸어가면서 해도 괜찮아요. 이때 속으로 숫자를 세어야 하므로 걱정하거나 상념에 잠기거나 화를 내지 않고 생각 스위치를 꺼둘 수 있을 거예요.

- **동적인 호흡 운동**: 편한 자세로 서세요. 숨을 들이마시면서 두 팔을 양쪽으로 벌려 어깨 높이까지 들어 올리세요. 숨을 내쉴 때 입으로 크게 숨소리를 내며(예: "후") 팔을 천천히 아래로 내리세요. 반복할 때마다 숨을 조금씩 더 길게 내쉬세요.

숫자를 세, 머리야!

이런 효능이 있어요

우리는 두려울 때 숨을 얕게 쉽니다. 깜짝 놀라면 숨이 멎고요. 화나거나 스트레스 받았을 때는 숨이 가빠지고 공기를 거의 들이마시지 못합니다. 그럼 더 스트레스를 받게 되죠. 우리가 삶의 매 순간 자동적으로 하고 있는 호흡은 산소를 공급하고 이산화탄소를 배출하는 신체의 메커니즘 그 이상입니다. 우리가 호흡하는 방식은 우리의 감정 상태에 대해 많은 것을 이야기해줍니다.

호흡은 자율신경계 중 조율 가능한 부분에 속합니다. 즉, 혈압이나 심장박동과 달리 우리가 원한다면 영향을 미칠 수 있죠. 이것은 우리가 호흡을 통해 스트레스 상황에 적극 개입해 우리 자신을 진정시킬 수 있다는 것을 의미합니다. 평소에는 우리가 조절할 수 없는 심장과 같은 신체 기관까지도 말이죠.

숨을 들이쉬는 것이 뇌의 능력을 자극한다는 것은 과학적으로 입증되었는데요, 중요한 것은 '어떻게' 뇌가 자극되는가 하는 점입니다. 미국의 한 연구에 따르면 코로 숨을 들이마신 실험 참가자들이 사물을 훨씬 잘 기억했고 심지어 다른 사람의 얼굴에 드러난 감정도 더 빨리 읽어낼 수 있었습니다. 반면 입으로 숨을 쉰 사람들의 경우 이 같은 기억력 향상 효과가 나타나지 않았습니다. 🔲

어쨌든 중요한 것은 차분하게 호흡을 계속 이어나가는 것입니다!

[영양] 젊음이 샘솟는 뮤즐리

하루를 완벽하게 시작하기

간단 요약: 더 젊어지고, 건강해지고, 날씬해지는 것. 이것을 원하지 않는 사람이 있을까요? 최근 연구에 따르면 젊음이 샘솟는 물질, 이름도 이상한 스퍼미딘(Spermidine) 덕분에 이 3가지가 가능하다고 합니다. 분자생물학자들이 요즘 이 물질을 연구하고 칭찬하고 있다고 하죠. 이 '기적의 약'은 체내에서 단식했을 때와 비슷한 효과를 낸다고 합니다. 좋은 점은 음식을 계속 먹어도 된다는 것이죠. 스퍼미딘은 특정 식재료나 음식에 특히 풍부하게 함유되어 있는데요, 그중에서도 밀배아에 많이 들어 있습니다. 오늘 만들어볼 젊어지게 해주는 뮤즐리(곡물, 견과류, 말린 과일 따위를 섞은 것. 주로 우유에 타서 먹는다*)에도 많이 있습니다. 이 뮤즐리는 다른 장점들도 많답니다!

음식이 얼마나 많은 일들을 할 수 있는지 발견하고 깜짝 놀랄 때가 많았어요. 음식을 섭취하는 것은 자동차 경주에 참가하기 전에 엔진에 고급 휘발유를 넣거나 값싼 혼합물을 넣는 것과 같다고나 할까요. 안타깝게도 우리 몸은 너무 복잡해서 건강을 유지하려면 수많은 영양소와 미네랄, 미량원소(생물의 생장, 발달, 생리를 위해 적은 양이지만 꼭 필요한 원소*)뿐만 아니라 파이토케미컬(식물이 병원균이나 해충, 미생물 등으로부터 스스로를 보호하기 위해 만들어내는 일종의 보호물질*)도 필요합니다. 어떤 음식은 심지어 약과 같은 효과를 내기도 하죠. 염증의 싹을 잘라버리거나 면역 체계를 강화해줍니다. 새로운 희망의 빛은 스퍼미딘에게서 흘러나오고 있습니다(연구소 마케팅 부서에게 전합니다. 이름을 바꾸면 훨씬 도움이 될 거예요! ☺). (스퍼미딘은 'sperm'(정액)이라는 단어에서 유래*) 저는 개인적으로 단 하나의 만병통치약이 있다고는 믿지 않지만, 오늘 알려드릴 파워 뮤즐리처럼 여러 식품이 섞이면 가능할 수 있다고 생각해요.

이런 효과가 있어요

- 세포를 보호해주기 때문에 수명이 연장될지도 모르죠.
- 기억력을 촉진할 수도 있어요.
- 혈관 및 심장을 보호해줍니다(견과류).
- 콜레스테롤 및 혈당을 낮춰줍니다(오트밀).

이렇게 하면 돼요

준비물

- 오트밀 2큰술
- 밀배아 1큰술
- 건포도 또는 크랜베리 1작은술
- 아마씨 1큰술
- 견과류(원하는 종류로) 1큰술
- 씨앗(원하는 종류로) 1큰술
- 유기농 사과 1개
- 우유 또는 요거트 또는 귀리 우유나 아몬드 우유 또는 기타 식물성 음료 150mL

조리법

모든 재료를 그릇에 넣고 섞으세요. 냉동 베리나 카카오닙스가 집에 있다면 취향에 따라 넣어주세요.

이런 효능이 있어요

스퍼미딘을 과학적으로 관찰해보면 소위 말하는 자가 포식과 밀접한 관계가 있습니다. 세포 내의 쓰레기를 수거하는 것을 자가 포식이라고 부르는데요, 이렇게 상상해보세요. 우리와는 다르게 세포들은 계속 봄맞이 대청소를 합니다. 청소를 할 때 세포들은 고장이 났거나 잘못 조립된 세포 구성 요소를 치워둡니다. 우리 몸은 절약을 잘하기 때문에 이 치워진 제품들을 버리지 않고, 항상 재활용합니다. 이러한 폐기물 처리 시스템은 몸 전체를 건강하고 생기 있게 유지시켜주는 역할을 합니다. 자가 포식의 메커니즘은 2016년 노벨 생리의학상을 수상한 오스미 요시노리 교수가 처음 발견했습니다.

스퍼미딘이라는 단백질 성분의 물질은 남성의 정자에도 포함되어 있는데요, 자가 포식을 강화해 세포의 노화를 늦추고, 세포를 건강하게 유지시켜줍니다. 밀싹, 사과, 버섯, 망고, 숙성 치즈, 발효 음식(자우어크라우트나 레드 와인) 등 다양한 자연식품에 들어 있는 스퍼미딘은 단식했을 때와 동일한 메커니즘이 세포 및 체내에서 작동되도록 할 수 있습니다. 오스트리아 그라츠대학교의 분자생물학자들이 초파리와 벌레를 조사해 이를 밝혀낼 수 있었습니다. 생쥐와 쥐를 대상으로 한 또 다른 연구에서는 스퍼미딘이 혈압과 심장 건강에 긍정적인 영향을 미치는 것으로 나타났습니다. 베를린 샤리테병원에서 진행한 한 소규모 연구에서는 스퍼미딘이 참가자들의 뇌 건강에 미치는 긍정적인 영향을 확인할 수 있었습니다. 829명의 피실험자를 대상으로 20여 년간 진행 중인 유럽의 한 연구에서는 스퍼미딘이 덜 함유된 식품을 섭취한 참가자들이 평균적으로 더 일찍 사망한 것으로 밝혀졌습니다. 📖

연구원들이 정말 '젊음의 물질'을 찾아낸 것일까요? 현재 100개 이상의 대학 연구소에서 스퍼미딘을 연구하고 있으며, 그사이 스퍼미딘은 캡슐 형태로도 개발되었습니다. 맛있는 파마산 치즈 한 조각 또는 오늘의 뮤즐리를 통해 스퍼미딘을 손쉬운 방법으로 저렴하게 섭취해보세요!

[자아 성찰] 나에게 중요한 가치 찾기

내면의 나침반

간단 요약: 스트레스를 많이 받을 때, 혹은 스스로 정한 계획이 아니라 다른 사람들이 정해준 목표를 따라갈 때 우리는 내면의 가치에 반한 삶을 살게 됩니다. 미처 깨닫지도 못한 채로 말이죠. 그럴 경우 비록 희미하다고 하더라도 불만족스러운 감정이 마음속에 계속 존재할 수 있습니다. 문제는 우리가 왜 지금 불만족스러운지, 또는 심지어 불행하기까지 한지 원인을 알아차리지 못한다는 점이죠. 그러니 오늘의 7분은 여러분이 개인적으로 중시하는 가치를 파악하는 데 써보세요.

삶에서 어떤 가치가 본인에게 중요한지 고민해보셨나요? 정말 답하기 어려운 문제죠. 제 아이들은 아마 '돈, 토마토 파스타, 조랑말'이라고 바로 대답할 거예요. 남편은 홀로 고요히 있는 것을 꼽을 테고, 저는 모범생처럼 아마 정직함(독일에서는 미덕으로 여겨지는 반면 호주에서는 별로 좋게 받아들여지지 않더군요) 또는 의미를 이야기할 것 같아요. 하지만 진정 중요한 것은 무엇일까요? 어떤 것들이 머리에 바로 떠오르나요? 여러분의 가족, 문화, 사회에서 특히 높이 평가되는 미덕이 떠오르실지도 몰라요. 물론 모두 중요한 것들이지만, 우리 스스로 중요시 여기는 가치와는 관련이 없을지도 모릅니다. 이러한 내적 가치는 우리에게 방향성을 부여해주고, 버팀목이 되어주며 삶의 기반이 되어줍니다. 자신의 내적 가치를 알고 실천하는 사람은 마음속에 나침반을 가지고 있는 것입니다. 이 나침반을 이용해 삶의 거친 물결 속에서 행복하게 항해할 수 있습니다.

이런 효과가 있어요

- 외부 요소들에 의한 결정에서 자유롭게 해줍니다.
- 방향성을 제시해줍니다.
- 스스로가 '자신'일 수 있도록 해줍니다.

이렇게 하면 돼요

재료

종이와 펜

방법

- 앉아서 종이와 펜을 들고 다음 질문들에 떠오르는 대로 자유롭게 답해보세요. 키워드를 사용해 답을 적어보세요.
- 여러분은 어떤 것에 열정을 쏟을 수 있나요? 정말 좋아하는 것이 무엇인가요? (예: 운동, 일, 축구, 넷플릭스 시청)
- 하루, 한 주, 한 해 동안 무엇을 제일 고대하시나요? (예: 연인과의 저녁 식사)
- 어떨 때 풍부한 감정으로, 정서적으로 반응하시나요? 무엇이 여러분을 웃게 하고, 화나게 하고, 울게 하나요? (예: 자녀 또는 반려견)
- 어떤 것에 진심으로 화를 내나요? (예: 도로에서 배려 없이 운전하는 사람을 볼 때, 상사가 남들에게 요구하는 것을 스스로는 지키지 않을 때…)

1. 위에 적은 답변의 이면에 어떤 가치가 숨어 있는지 곰곰이 생각해보세요. 그 가치가 여러분이 개인적으로 중요시하는 미덕입니다. 여러분의 답변을 특정 상위 개념들을 이용해 정리해보세요.
- 축구 = 공동체, 게임
- 넷플릭스 시청 = 집에서의 휴식, 엔터테인먼트(듣기/보기)
- 함께 식사하기 = 동반자 관계, 즐거움
- 감정 관련: 자녀 = 사랑, 따뜻함, 정직함, 자발성
- 반려견 = 공동체 정신, 자연, 충직
- 배려심 부족: 여유, 타인에 대한 배려

2. 위의 상위 개념들 중 여러분이 가장 중요하다고 생각하는 3가지를 고르세요. 그 3가지가 여러분의 '가치관 안경'입니다. 예를 들어 공동체 정신, 즐거움, 따뜻함 등인 것이죠. 이제 이 안경을 쓰고 여러분의 삶을 관찰해보세요. 여러분의 동반자와의 관계, 친구, 일과 여가 활동이 여러분의 가치와 부합하나요? 어떤 부분에서 그 가치관과 조화를 이루며 살고, 어떤 일에 있어서는 그렇지 못한가요? 어떤 것에 있어서 여러분 스스로가 아닌 다른 사람들에 의해 행동하나요? 여러분이 작성한 답변을 꼼꼼히 살펴보세요. 어떤 점이 눈에 띄나요? 오늘 해본 이 활동은 여러분이 뭔가를 바꾸고 싶을 때, 또는 만족감과 충만함을 느낄 수 있는 결정을 내릴 때 도움이 될 거예요.

이런 효능이 있어요

내면의 나침반은 우리에게 삶의 방향을 보여줍니다. 수많은 요청과 제안을 받을 때 방향을 잡는 데 도움이 되죠. 내면의 나침반은 우리가 내리는 모든 결정에 있어서 중요한 요소입니다. 하지만 가치와 목표는 지속적으로 변화하기 때문에 나침반 또한 고정되어 있는 것은 아니죠. 따라서 내면의 나침반이 가리키는 방향이 여전히 유효한지, (필요할 경우) 새롭게 설정해야 하는지 주기적으로 점검하는 것이 중요합니다. 🌀

[운동] 돌리고 스트레칭하기

미니 근막 운동

간단 요약: 오늘은 근막이 여러분의 유연성과 힘, 건강에 있어서 얼마나 중요한지 경험해볼 거예요. 7분 동안의 운동을 통해 몸의 긴장이 얼마나 빨리 풀릴 수 있는지를 느껴보고, 운동의 즐거움을 다시 한 번 확인해보세요. 우리가 운동을 하는 것도 중요하지만, '어떻게' 하느냐도 중요하거든요. 그러니 오늘은 7분 동안 깃털을 펴고 스트레칭하면서 고양이처럼 유연함을 느껴보세요. 여러분의 근막이 얼마나 좋아한다고요!

특별한 날이면 저는 종종 태국 마사지를 받곤 합니다. 물론 진짜 태국의 해변에서 태국 마사지를 받을 수 있다면 좋겠지만(비록 백사장의 모래로 의도치 않게 공짜 모래 마사지까지 받기도 하지만요), 어쨌든 이렇게 태국 마사지를 받을 때면 종종 같은 말을 듣습니다. "아이고, 목이 너무 뭉쳐 있어요." 그럼 저는 "딸 셋을 데리고 다녀야 하거든요"라고 말하죠. 요즘에는 새로운 핑곗거리를 찾았습니다. "네, 책을 쓸 게 많거든요." 사실 중요한 것은 다른 사람들처럼 저 또한 지속적으로 운동하고 근육을 단련하려고 하지만, 스트레칭하고 근육을 풀어주는 것은 자꾸 소홀히 했다는 점이죠. 그래서 오늘은 정말 간단하지만 효과 만점인 운동을 해볼 거예요. 축 늘어뜨리고, 흔들고, 늘리며, 제대로 스트레칭을 하게 될 겁니다. 제 경험에 의하면 뜨거운 물로 샤워한 다음 하는 게 가장 좋더라고요. 샤워캡을 벗고 근막을 위한 운동을 해보세요.

이런 효과가 있어요

- 근육과 근막을 이완해줍니다.
- 폐호흡을 심화해줍니다.
- 바른 자세를 하도록 해줍니다.
- 몸의 긴장을 풀어줍니다.
- 통증을 완화하고 몸을 유연하게 해줍니다.

이렇게 하면 돼요

- 여러분의 걸음걸이를 주의 깊게 본 다음 1분 동안 고양이처럼 걸어보세요. 발을 매우 부드럽고 가볍게 내딛으세요.
- 양발로 서서 발뒤꿈치를 떼고 앞발로, 이어서 발가락으로 서며 균형을 잡고 다시 거꾸로 내려오세요. 1분 동안 반복하세요.
- 두 팔을 양쪽으로 벌려 위로 올리고 하늘 방향으로 쭉 뻗으세요. (앉아 있다가 일어났을 때 등 중간중간 해주셔도 좋아요)
- 이제 변화를 줘볼게요. 두 팔을 위로 뻗은 채 상체를 천천히 오른쪽으로, 그리고 왼쪽으로 돌리세요. 이때 흉곽으로 숨을 최대한 깊게 쉬세요. 반복하세요. 상체를 돌리면서 숨을 내쉬고, 들이쉬면서 반대쪽으로 몸을 돌리거나, 중앙으로 돌아오세요.
- 이제 서 있는 상태에서 천천히 상체를 굽히며, 팔은 편하게 늘어뜨려주세요. 척추를 천천히 하나씩 펴면서 위로 올라오세요. 모든 관절을 잘 흔들어주세요.

이런 효능이 있어요

'이들'은 몸 전체에 퍼져 있습니다. 바로 근막인데요, 수십 년 동안 우리는 결체조직의 일종인 근막을 단순히 신경, 근육, 장기를 감싸고 있는 층으로만 치부했습니다. 하지만 근막은 사실 우리를 위해 그보다 훨씬 더 많은 일을 하고 있죠.

근막(Fascia, 라틴어로 '묶음'이나 '밴드'를 의미)은 밴드의 형태를 띠고 있고, 두께가 1mm에 불과한 것도 있으며, 콜라겐 섬유와 물, 접착 물질 등으로 구성되어 있습니다. 근막은 수행하는 일, 형태, 기능이 다양하고, 촘촘한 거미줄의 형상을 하고 있는데요, 우리의 장기, 혈관, 힘줄, 관절 주머니, 신경 및 뼈가 올바른 곳에 위치할 수 있도록 유지해줍니다. 게다가 근막은 우리 감정과 육체 사이의 다리 역할도 한답니다.

근막은 우리 몸의 움직임에도 관여하고 있기 때문에, 예를 들어 스웨터를 너무 뜨거운 물에 세탁해 줄어들었을 때처럼 근막이 뭉치거나 탄력이 사라졌을 때 문제가 발생할 수도 있어요. 게다가 이런 경우 수백만 개의 통증수용체가 침투하므로 목이나 어깨 경직, 허리 부근 통증도 근막과 관련 있습니다.

따라서 근막을 단련하는 것은 여러 면에서 볼 때 중요합니다. 근막에 중점을 두고 운동을 하면 통증 및 경직을 완화하고 유연성을 기르고 부상을 예방할 수 있습니다. 요즘 운동선수들 중 근막 훈련을 하지 않는 사람은 거의 없습니다. 근막 시스템은 다른 운동들보다 특정한 운동 자극에 더 잘 반응합니다. 이런 운동에는 롤러나 공을 이용한 운동, 무릎, 허리, 어깨를 위한 특별한 동작, 요가, 태극권, 필라테스나 춤 같은 부드러운 스포츠들이 있습니다. 몸을 돌리고 스트레칭하는 것은 근막이 특히 좋아하는 것들입니다. 생의 주기 동안 오래된 근막은 사라지고 새로운 근막이 생성되기 때문에 운동으로 많은 것을 변화시킬 수 있습니다. 아침에 일어났을 때 고양이들이 하듯 크게 기지개를 쭉 켜는 것도 도움이 된답니다.

[나와당신] 모두를 위한 로젠버그의 4단계

외교적으로 갈등 해결하기

간단 요약: 우리는 일상생활에서 지속적으로 갈등을 경험합니다. 갈등은 특히 우리가 '잘못된' 소통을 할 때 폭발하죠. 그래서 논쟁의 여지가 있는 입장이나 소망을 이야기할 때 상대방이 우리를 이해하고, 더 나아가 좋은 해결책을 함께 모색할 수 있도록 이끌 수 있는 방법을 안다면 도움이 된답니다. 오늘은 갈등이 있을 경우를 상정해, 마셜 로젠버그의 비폭력 대화 4단계 원칙을 연습해보세요. 한번 배워두시면 훨씬 더 조화로운 삶을 살 수 있습니다.

저는 속담을 좋아합니다. 말로 설명하기 어려운 상황을 잘 드러내주기 때문이죠. 호주에서 지내는 동안 체감했던 속담은 이거예요. '영국인은 정직하기에는 너무 예의 바르고 독일인은 예의 바르기에는 너무 정직하다.' 이게 일상생활에서 무슨 뜻인지 아시나요? 영국인이나 호주인들은 그들이 생각하는 것을 잘 이야기하지 않아요. 때때로 다른 사람들이 듣고 싶어 하는 것을 이야기하기까지 하죠. 이들은 모든 싸움을 피합니다. 좋은 점은 분위기가 정말 좋다는 것이고, 나쁜 점은 사람들이 제대로 된 상황을 결코 파악하지 못한다는 것입니다. 독일인들은 생각하는 것을 솔직하게 말하곤 하죠. 장점은 모

두가 무슨 일이 일어나는 중인지 이해한다는 것, 단점은 감정이 다칠 수 있다는 점입니다. 해결책은 사람들이 멋지게 표현하듯 '외교적'으로 해결하는 것입니다. 영국과 독일, 두 나라의 장점만 취하는 것이죠. 즉, 생각하고 느끼고 원하는 것을 말하되, 상대방이 이를 받아들일 수 있도록, 최선의 경우에는 심지어 상황을 잘 풀어나가는 데 상대가 기여할 수 있도록 이끌며 이야기하는 것입니다. 배울 가치가 있는 고도의 예술이라고 생각합니다. 그렇게 어렵지 않은데, 삶이 훨씬 용이해지도록 해준답니다. 오늘은 7분을 이용해서 외교적으로 싸우는 방법을 배워보세요.

이런 효과가 있어요
- 갈등 해결을 도와줍니다.
- 만족감을 높여줍니다.
- 마음의 여유가 더 커집니다.
- 상호 이해를 통해 연대가 생깁니다.

이렇게 하면 돼요

재료

펜과 메모지

방법

● 여러분이 해결하고 싶은 개인적인 갈등을 떠올려보고, 누구와 대화를 나누어야 할지도 생각해보세요.

● 아래의 4단계를 모두 하고, 답변을 적으세요. 여러분의 경우에는 어떠셨나요?

● 이 원칙들을 완전히 숙지할 수 있을 때까지 연습하세요. 지금 이 갈등, 또는 다음에 겪게 될 갈등 상황에서 여러분의 요구사항을 제시할 때 이 원칙에 따라 해보세요. 놀라울 정도로 성공적일 거예요.

1단계: 무슨 일이 있었는지/발생했는지 서술하세요.

2단계: 그 일이 여러분에게 어떻게 작용했는지, 여러분이 어떤 감정을 느꼈는지 서술하세요. 솔직하게요.

3단계: 여러분이 무엇을 기대하는지 또는 무엇을 했다면 좋았을지 표현해보세요.

4단계: 갈등을 해결하기 위해 상대방이 할 수 있는 일을 그 사람에게 부탁하는 말로 적어보세요.

이런 효능이 있어요

논쟁은 정상적인 것입니다. 논쟁이란 결국 모든 사람들이 각기 다른 요구사항을 가지고 있고, 항상 다른 사람들과 합의를 보기가 어렵다는 것을 의미할 뿐이죠. 이때 감정이 상한다면, 불난 데 기름을 붓는 것과 같습니다. 빠르고 건설적으로 갈등을 해결할 수 있다면 모든 당사자들이 그로부터 무언가를 배울 수 있을 거예요. 그러한 해결이 불가능할 때 상황은 어려워지죠. 그러면 원래 별일이 아니었고, 단지 사소한 오해에 불과했던 일도 심각한 싸움으로 이어질 수 있습니다.

미국의 심리학자 마셜 로젠버그는 1970년대에 이 문제에 전념했고, 상호 연결과 이해를 키우는 것이 무엇인지, 어떤 것을 통해 사람들이 상처 받고 외롭다고 느끼는지에 대해 고민했습니다. 로젠버그는 비폭력 대화의 모델을 연결의 언어로 발전시켰습니다. 비폭력 대화에서 중요한 것은 솔직하게 이야기하고 상대의 말을 진심으로 귀 기울여 듣는 것입니다. 예를 들어 간단한 한 문장으로도 관계가 악화되거나 심지어 종결될 수도 있습니다. 다른 한편으로 '나는 당신을 이해합니다. 나는 당신을 봅니다'와 같이 '옳은' 문장으로는 상대방에게 손을 내밀 수 있죠. 이 평화와 공감의 방식으로 양측은 승자와 패자를 양산하지 않고도 갈등을 해결할 수 있습니다.

비폭력 대화의 방법은 갈등을 해결하는 데 이상적이며, 직장, 연인 관계, 부모, 친구, 지인 등 모든 상황의 모든 사람에게 효과가 있답니다. 📖

[뷰티] 레몬으로 부드러운 피부 만들기

빛나는 피부 필링

간단 요약: 오늘은 여러분의 피부를 빛나게 하고 얼굴, 목 및 데콜테(목부터 쇄골까지의 부위*)를 부드럽게 당겨줄 거예요. 천연 과일산을 함유한 레몬을 이용한 필링은 정말 기적 같은 효과가 있어요. 이 필링은 여러분을 피부 최상층의 각질로부터 해방시켜주고, 피부를 깨끗하게 해주며, AHA산이나 과일산을 함유한 다른 모든 스킨케어 제품들보다 더 효과적으로(그리고 훨씬 저렴하게) 탄력을 부여해줍니다. 신속하게 제조할 수 있는 이 스킨케어 제품의 하이라이트는 바로, 아마도 여러분의 찬장에는 이미 오늘의 7분 건강 팁을 위한 재료가 들어 있을 것이라는 점입니다.

솔직히 말씀드리면 저는 어렸을 때 여드름이 있는 남자아이들이 매력적이라고 생각했어요. 아마 남자로 변모해가는 사춘기를 지나는 확실한 상징이 여드름이라고 생각했기 때문인 것 같아요. 요즘 저는 제 피부의 요철들을 매의 눈으로 살피고 있어요. 주름이 늘어나는데도 불구하고 항상 여드름이 난다는 걸 정말 믿을 수가 없기 때문이죠. 얼마나 불공평한 일인가요? 왜 저는 주름과 요철, 둘 중에 하나라도 해결하거나, 둘 다에서 벗어날 수가 없는 걸까요? 제가 오늘의 레몬 필링에도 들어 있는 과일산에 대해서 발견했을 때 얼마나 기뻤는지 몰라요. 솔직히 초기에는 피부 트러블이 더 많아질 수도 있어요. 하지만 중장기적으로는 트러블들이 사라지고, 색소침착도 개선될 거예요. 여러분이 만약 이런 피부 문제를 겪고 있지 않고, 제가 무슨 말을 하는지 전혀 모르시겠다면 그냥 기쁘게 생각하시고 레몬을 맛있게 드세요.

이런 효과가 있어요

- 피부를 깨끗이 하고 표피의 최상층(각질층)을 제거합니다.
- 피부를 당기고, 수축시킵니다.
- 피부 재생을 촉진합니다.
- 피부가 상쾌해지고 빛이 납니다(윤광).

이렇게 하면 돼요

재료

- 유기농 레몬 1/2개에서 추출한 레몬즙
- 아몬드밀 혹은 오트밀 분말 2큰술
- 물 또는 버터밀크 약간
- 꿀 1작은술

방법

- 작은 그릇에 오트밀 분말과 약간의 물 또는 버터밀크를 걸쭉해질 때까지 섞으세요. 레몬 1/2개의 즙과 꿀 1작은술을 넣고 잘 섞으세요.
- 필링 혼합물을 얼굴, 목, 데콜테에 도포한 후 부드럽게 마사지해주세요. 눈가 및 입가에는 바르지 마세요. 1분 동안 둔 후 미온수로 씻어내세요. 더 많은 효과를 보고 싶으시다면 레몬 나머지 반쪽의 즙을 물 300mL에 섞은 후, 이 물을 이용해 필링을 씻어내세요.
- 약 10분 뒤 가벼운 수분 크림을 바르세요.
- 1주일에 2번 해주시는 것이 좋습니다.

이런 효능이 있어요

레몬은 진정한 만능 제품으로 주방에 없어서는 안 될 존재입니다. 레몬은 천연화장품 분야에서도 매우 높은 평가를 받고 있습니다. 왜냐고요? 눈 또는 피부 염증 부위에 레몬즙이 닿은 적이 있다면 어떻게 되는지 아실 거예요. 눈도 따갑고, 피부도 자극을 받아 따끔거리죠. 레몬의 이런 특성을 피부 관리에도 이용할 수 있습니다. 과일산 필링(화학 성분 AHA, 알파하이드록시애시드)처럼 집에서 직접 만든 레몬 필링도 피부 재생 효과가 있답니다.

이런 효과는 2가지 요소 때문입니다. 첫째로 레몬의 과일산은 천연 클렌징(약간의 부식성) 효과가 있습니다. 사용 후 피부에 윤기가 도는 것을 보면 이 효과를 알아챌 수 있습니다. 게다가 과일산은 피부 모공에 최소한으로 침투해 표피의 최상층을 부드럽게 하고 각질을 제거해줍니다. 또한 레몬은 소독과 염증 완화 효과가 있습니다. 둘째로 태양빛처럼 노랗고 신맛이 나는 이 과일, 레몬은 비타민C 함량이 높아 콜라겐 형성에 긍정적인 영향을 미칩니다. 비타민 C는 최고의 라디칼(독성을 나타내는 물질*) 제거제 중 하나이며, 세포를 보호하는 효과도 있습니다. 안티에이징 제품 성분에 비타민이 자주 포함되어 있는 이유죠. 📖 이러한 원리는 케이크를 구울 때도 드러납니다. 얇게 썬 사과 위에 레몬즙을 살짝 뿌리면, 사과가 상큼하고 밝게 유지됩니다.

또한 오트밀에 함유된 식이섬유는 피부의 표면을 다듬어줍니다. 둥글게 굴리며 마사지를 하면 표피 아래의 새로운 피부가 드러나며 피부가 부드럽게 재생됩니다.

필링은 여드름, 피지, 블랙헤드 등 피부 트러블에 효과적입니다. 또한 필링은 칙칙한 피부톤을 맑게 하고 피부에 건강한 윤광이 나도록 합니다. 여드름이 심하거나 피부가 매우 예민할 경우 이 필링을 사용하지 않는 것이 좋습니다.

닻 내리는 날

다섯 번째 주가 끝났습니다. 그동안 7개의 분야별로 팁을 하나씩 실천해보았는데요, 어떤 팁이 마음에 들었고, 어떤 팁은 잘 맞지 않았나요? 스마일을 3단계로 나누어보세요. 정말 좋았던 팁, 그저 그랬거나 별로였던 팁이 있으신가요? 스마일 표시에 체크해 점수를 매겨보세요.

Tip 1 | 건강: 그냥 끄세요
휴대폰 불빛과 주의력 분산을 최소화하기(106쪽)

Tip 2 | 심신의학: 숨을 내쉬며 화 내보내기
부정적인 감정에게 기회를 주지 마세요(108쪽)

Tip 3 | 영양: 젊음이 샘솟는 뮤즐리
하루를 완벽하게 시작하기(110쪽)

Tip 4 | 자아 성찰: 나에게 중요한 가치 찾기
내면의 나침반(112쪽)

Tip 5 | 운동: 돌리고 스트레칭하기
미니 근막 운동(114쪽)

Tip 6 | 나와 당신: 모두를 위한 로젠버그의 4단계
외교적으로 갈등 해결하기(116쪽)

Tip 7 | 뷰티: 레몬으로 부드러운 피부 만들기
빛나는 피부 필링(118쪽)

지난 4주를 다시 한 번 돌아보세요. 첫 번째 주(17쪽), 두 번째 주(39쪽), 세 번째 주(61쪽), 네 번째 주(83쪽) 어떤 팁들이 특별하게 느껴지는지 여기에 적어보세요. 계속하고 싶은 팁은 어떤 것인가요? 중간 정도로 마음에 들어서 다시 한 번 기회를 주고 싶은 팁은 무엇인가요?

리뷰

어떤 팁들이 마음에 들었고 별로였는지 이곳에 기록하고 이번 주에 경험한 것을
메모해보세요.

가장 마음에 든 팁과 그 이유:

. . . .
. . . .
. . . .
. . . .
. . . .
. . . .
. . . .

다음 주에 다시 해볼 팁:
(날짜와 시간도 미리 적어보세요)

. . . .
. . . .
. . . .
. . . .
. . . .
. . . .

언젠가 다시 해보고 싶은 팁:

· ·

· ·

· ·

· ·

· ·

· ·

· ·

· ·

· ·

· ·

별로였던 팁과 그 이유:

· ·

· ·

· ·

· ·

· ·

· ·

· ·

· ·

· ·

이미 정기적으로 하고 있는 팁:

. . . .

. . . .

. . . .

. . . .

의견:

. . . .

. . . .

. . . .

. . . .

. . . .

운동 관련 추가 팁
: 다이나믹 3+1

대체 운동 또는 추가 운동:

● 팔과 허리 강화를 위해 욕실 문을 열어두고 문 옆에서 노를 저으세요.

● 열린 문 앞에 서서 양쪽 문 손잡이에 수건을 거세요. 수건의 양 끝을 잡되 최대한 문 손잡이에 가까운 곳을 잡으세요.

● 문의 오른쪽과 왼쪽에 발을 한쪽씩 두고, 발뒤꿈치가 문 손잡이가 있는 곳에 오도록 맞춰 서세요. 맨발로 하거나 신발을 신어서 미끄러지지 않도록 하는 것이 좋습니다.

● 팔이 쭉 펴질 때까지 뒤로 몸을 눕히세요. 무릎은 90도로 굽히세요. 허리는 곧게 펴고 다시 문 쪽으로 당기세요. 어깨뼈는 뒤로 모아주세요. 숨을 내쉬면서 팔을 다시 천천히 펴면서 몸을 뒤로 눕히세요.

● 천천히 2분간 반복하세요.

6주차를 위한 준비

6주차 팁을 위한 재료 및 도구

- 스파이럴 커터 또는 필러(감자칼)
- 애호박 1~2개
- 올리브 오일
- 잣 100g(또는 호두)
- 신선한 바질과 파슬리 큰 묶음 각 1개씩
- 마늘 1쪽
- 이스트 플레이크
- 유기농 레몬 1개
- 소금, 그라인더로 간 통후추
- 라벤더 오일

6주차

의식적으로 나 자신을 돌보기
· · ·

원기를 회복해주는 팔욕이 어떻게 커피 한 잔을 대체할 수 있는지,

여러분이 좋아하는 노래가 어떻게 여러분을 웃게 만들 수 있는지,

채식 요리가 얼마나 맛있는지,

관점을 바꾸는 것이 어떻게 문제를 해결할 수 있는지,

요가 아사나로 어떻게 예쁜 복근을 만드는지,

어떻게 하면 다른 사람들과의 거리를 잘 유지할 수 있는지,

여러분의 발에게 어떻게 웰빙 스파를 제공해줄 수 있는지,

이 모든 것을 뒤의 페이지들에서 배우실 거예요.

이번 주에도 항상 그랬듯 하루 7분이면 충분합니다.

[건강] 자연요법의 커피 한 잔
중간중간 냉 팔욕 하기

간단 요약: '자연요법의 커피 한 잔'이라는 이름은 냉 팔욕에 정말 맞는 이름입니다. 마음이 활기를 띠고, 머리가 맑아지며, 능력이 잘 발휘되지 않을 때 다시 집중해 일할 수 있도록 해주고, 그날의 다섯 번째 커피를 만들 수고를 덜어주거든요. 우리에게 필요한 것은 찬물로 채운 세면대, 그리고 다행히 따로 준비할 필요가 없는 팔이 전부입니다. 먼저 오른팔을 담근 다음 왼팔을 30초 동안 담가주세요. 정신이 번쩍 들 거예요.

업무로 꽉 찼던 오전을 보내고, 점심식사 후에는 뇌도 함께 소화되는 느낌이 들고, 다시 정신을 차리기 어렵거나 완전히 졸음에 빠져들게 되는 그런 순간들을 분명 다 아실 거예요. 일이 너무 까다롭거나 끝없이 이어질 때면 오직 한 잔의 커피만이 잠으로부터 우리를 구원하리라는 생각이 들죠. 그런데 이미 커피를 여러 잔을 마셨거나 커피를 마실 수 없는 상황이라면 곤란해질 거예요. 그런 상황이라면 오늘은 오후의 나른함이 시작되기 전에 커피를 마시는 대신 냉 팔욕을 해보세요. 세바스티안 크나이프 신부는 정신적·신체적으로 피곤할 때 냉 팔욕을 할 것을 권했죠. 저는 이 방법이 간단할 뿐만 아니라 매우 효과적이라고 생각합니다. 심신을 단련하는 동시에 깨어날 수 있어요! 세면대에 팔을 담글 때 제가 겪는 가장 어려운 일은 바로 블라우스가 구겨지지 않도록 소매를 잘 걷어 올리는 거예요. 그러니 오늘은 티셔츠를 입거나 문을 잠그고 상의를 탈의한 후 해보세요.

이런 효과가 있어요

- 마음을 상쾌하게 해줍니다.
- 더 집중할 수 있도록 해줍니다.
- 혈액순환을 촉진합니다.
- 규칙적으로 할 경우 혈압을 조절해줍니다.

이렇게 하면 돼요

● 팔을 굽혔을 때 물이 팔의 중간 높이까지 와야 하기 때문에 세면대가 어느 정도 깊어야 합니다.

● 세면대에 아주 찬물을 받으세요. 팔은 상대적으로 추위에 민감하지 않아요.

● 오른팔을 구부린 다음 손부터 물에 담그고, 왼팔도 담가 양쪽 모두 위팔의 중간까지 물에 잠기도록 하세요.

● 6~30초 동안 팔을 담그고 계세요. 팔을 거의 움직이지 말고 그대로 차분하게 계속 호흡하세요.

● 물을 빼고 팔을 흔들어 다시 따뜻해지도록 하세요.

이런 효능이 있어요

처음에 할 때는 당연히 정말 차갑게 느껴질 거예요. 초반에는 심지어 어지러움을 느낄 수도 있어요. 그만큼 혈액순환에 미치는 효과가 크거든요. 하지만 크나이프 신부의 모든 물 치료법과 마찬가지로 규칙적으로 하다 보면 맨 처음 불편하게 느꼈던 온도에도 매우 빨리 적응하게 될 거예요. 처음에 경험했던 상쾌하고 활력이 돋는 효과는 그대로일 거고요!

무엇보다 냉수 자극은 신체를 단련하는 데 있어 가장 입증된 방법 중 하나입니다. 찬물은 먼저 팔의 혈관을 수축시켜 혈압을 높이고 팔, 그리고 반사적으로 상체와 머리까지 상쾌해지며, 혈액순환이 더 원활해집니다. 하지만 몸은 이에 즉시 반응해 다시 반대로 조절을 하기 때문에 냉 팔욕은 심지어 심장을 진정시키는 효과도 있습니다.

참, 냉수 허벅지 샤워도 매우 자극적인 효과를 낸답니다. 아침에 따뜻한 물로 샤워를 하고 나서 찬물로 종아리를 헹구세요. 항상 아래에서 위로, 오른쪽 다리를 먼저 한 다음 왼쪽을 해주세요. 이렇게 하면 감기에 걸릴 확률이 반으로 줄어듭니다. 냉 팔욕을 포함해 찬물을 사용하는 모든 요법은 우리의 면역 체계를 강화해주기 때문입니다. 대단하죠? 🗿

[심신의학] 나만의 노래 부르기

해피 바이러스 보장

karaoke

간단 요약: 오늘은 노래를 부를 거예요. 혼자 또는 다른 사람들과 함께, 몰래 조용히 또는 완전히 크게요. 오늘의 7분은 특별한 방식의 웰빙 팁에 사용하세요. 노래하는 것보다 몸과 마음의 건강에 더 많은 영향을 미치는 것은 거의 없답니다. 노래를 부르기 위해 노래방에 갈 필요는 없어요(사실 좋은 생각이긴 하지만요 ☺). 좋아하는 노래를 틀어놓고 따라 부르면서 팝스타나 오페라 스타로 변신해보세요.

저는 호주에서 제 꿈을 실현했어요. 노래 수업을 다시 들을 수 있었거든요. 가장 가까운 옆집과도 500m 떨어져 있는 주거 지역에 살면 다른 사람들을 지속적으로 화나게 할 일도 줄어들죠. 아이들도 함께 수업을 들었는데, 우리는 말하자면 걸 그룹을 결성했어요. 일단 우리는 차례대로 노래를 골랐어요(저는 음악 취향이 좋지 않아 대부분 건너뛰었습니다). 그다음 책을 배 위에 올려둔 채 숨을 쉬고, 박자를 맞추며 두드리고, 몸을 흔들고, TV에 뮤

직비디오나 노래방 버전의 영상을 소리를 크게 틀어두었어요. 그 누구도 우리를 막을 수는 없었죠. 우리는 여럿이 함께 노래를 불렀어요. 잘 부르지는 못했지만 정말 즐거웠어요. 그 후 심지어 얼마나 재미있었는지 이야기가 퍼졌고, 아이들의 친구들도 함께 와서 같이 노래를 불렀답니다. 참 멋진 경험이었어요. 오늘은 여러분의 차례예요. 7분 동안 여러분이 좋아하는 노래를 부르세요. 어떻게 들리든 상관없습니다. 다음번에는 더 나아질 테니까요. 그리고 더 건강해지기도 할 거예요.

이런 효과가 있어요

- 재미있고, 기분을 좋게 해주고 마음을 여유롭게 해줍니다.
- 면역 체계를 활성화합니다.
- 심장 및 순환을 안정화합니다.
- 소화와 신진대사를 촉진합니다.
- 몸 전체에 산소 공급을 더 원활하게 해줍니다.
- 수명을 연장해줍니다.

이렇게 하면 돼요

재생 목록에서 좋아하는 노래를 고르세요. 루 베가(Lou Vega)의 〈Mambo No. 5〉나 몬티 파이돈(Monthy Python)의 〈Always Look at the Bright Side of Life〉, 글로리아 게이너(Gloria Gaynor)의 〈I am What I am〉이나 모차르트의 〈피가로의 결혼〉처럼 고전적인 명곡을 골라도 좋아요. 가사를 미리 출력해두는 것이 정말 중요합니다. 그런 다음 노래를 틀고 큰 소리로 따라 부르세요. 아니면 유튜브에서 노래 가사가 같이 나오는 영상을 틀어두세요.

이런 효능이 있어요

"어떻게 노래하든 상관없어요. 노래하지 않는 것이 나쁜 것이죠." 한번 들으면 머리에서 떠나지 않는 곡인 〈Schifoan〉을 작곡한 오스트리아 작곡가 볼프강 암브로스(Wolfgang Ambros)가 한 말입니다. 그의 말이 맞다는 것은 다수의 연구가 증명하고 있습니다. 곡조를 흥얼거리고 노래를 부르는 것은 우리의 건강에 좋을 뿐만 아니라 기분까지도 좋게 해줍니다.

노래를 부르는 것은 빨리 걷는 것만큼이나 힘든 일입니다. 10~15분 동안 큰 소리로 노래를 부르면 심장 활동과 혈액순환이 촉진됩니다. 노래를 부를 때 호흡이 중요하기 때문입니다. 경험이 많은 가수는 의식적으로 숨을 깊게 배로 들이마십니다. 이때 횡격막이 아래로 내려가고, 복부 장기가 밑으로 눌리며 폐가 많은 공간을 확보하게 됩니다. 깊이 숨을 쉬는 것은 폐포에 산소를 공급해 산소포화도를 높이고, 혈액순환을 촉진합니다. 숨을 다시 내쉬면 횡격막이 위로 움직입니다. 노래하는 것은 신진대사를 활성화하고, 혈압을 안정시키며, 모든 장기 및 뇌의 중추에 혈액 공급이 원활해져 집중력을 높여줍니다.

음악은 또한 자율신경계에 좋은 영향을 미칩니다. 노래, 그리고 무엇보다도 깊은 호흡은 몸의 긴장을 풀어주는 것을 담당하는 부교감신경을 활성화해 우리를 진정시킵니다. 즉, 혈압이 떨어지고 맥박이 느려지며, 근육은 이완되는 것이죠. 횡격막 호흡에 의해 복부 내 기관이 수축하기 때문에 위장이 움직이며, 이로 인해 소화가 촉진됩니다.

노래하는 것이 우리의 면역력을 강화해준다는 사실은 성가대원들의 타액 샘플을 가지고 한 연구에서 밝혀졌습니다. 우리를 병원체로부터 보호해주는 면역 물질(면역글로불린 A/IgA)이 합창 연습 후 급격히 증가했습니다. 반면 성가대원들이 음악 연주를 듣기만 했을 때는 그 수치가 변하지 않았습니다. 노래는 기분을 좋게 해주기도 하는데요, 엔도르핀, 세로토닌, 도파민, 아드레날린과 같은 행복 호르몬을 방출하기 때문입니다. 30분 동안만 노래해도 우리 뇌는 일명 '포옹 호르몬'이라고 불리는 옥시토신을 방출하고, 이로 인해 함께 노래하는 사람들에 대한 내적 친밀감이 생겨납니다. 궁극적으로 노래하는 사람들은 더 오래 사는 것으로 1990년대 연구자들에 의해 입증되었습니다. 모든 연령대의 1만2천 명을 대상으로 한 연구에 따르면 합창단, 그리고 노래하는 그룹에 소속된 사람들의 경우 노래하지 않는 사람들보다 기대수명이 훨씬 더 긴 것으로 나타났습니다.

[영양] 즐길 요소가 가득한 채식

비건 실험

간단 요약: 오늘은 특별한 것을 먹어볼 거예요. 간단하게 만들 수 있는 신선한 채식 애호박 파스타를 요리해보면 이 파스타가 얼마나 맛있는지 깨닫게 되실 거예요. 여러분의 몸은 풍부한 비타민, 미네랄, 섬유소를 섭취한 것에 대해, 숨을 고를 수 있는 것에 대해 고마워하겠죠. 동시에 환경도 감사를 표할 거고요. 육류를 섭취하지 않을 때마다 공기와 토양으로 배출되는 유해 오염 물질의 양이 줄어들거든요. 그리고 할 수만 있다면 동물들도 아주 정중하게 고맙다고 이야기하겠죠. 게다가 여러분의 지갑 또한 기뻐할 거랍니다.

저 또한 사회에서 점차 확산되고 있는 비건 운동을 그냥 지나쳐보내지 못했어요. 저는 비건 요리책을 팔 밑에 끼고 씩씩하게 자전거를 타고 유기농 식품점에 가서 비건 요리에 필요한 모든 것을 구입했죠. 제가 다른 맛들을 그리워하게 될 때까지 얼마나 오래 비건 생활을 지속했는지는 더 이상 기억이 잘 나지 않지만, 저는 새로운 최애 요리들을 발견하게 되었답니다. 오늘 여러분이 만들어보실 요리도 그중 하나예요. 저는 베지테리안, 비건 등의 채식 운동이 우리 식탁 위에 더 많은 다양성을 가져다줄 거라고 생각합니다. 예를 들어 채소를 완전히 다른 방식으로 조리하는 멋진 아이디어들을 배울 수 있죠. 적은 칼로리로 푸짐하고 맛있게 먹는 것이 얼마나 기분이 좋은지 몰라요. 건강뿐만 아니라 환경에도 좋다니, 정말 멋지지 않나요?

이런 효과가 있어요

- 심장 마비와 암 발병 위험이 감소하고, 나이가 들어도 건강을 오래 유지할 수 있습니다.
- 불필요한 살을 빼줍니다.
- 혈압을 낮춥니다.
- 혈중 지질 수치를 개선합니다.
- 혈당 수치를 정상화해줍니다.
- 류머티즘 관절염이 개선될 수 있습니다.
- 환경과 동물 복지를 위해 좋은 일을 합니다.

+++++++++ **7분이면 되나요?** +++++++++++ 네, 7분 동안 애호박 파스타를 요리하세요! ++++++++++

이렇게 하면 돼요

재료(2인분)
- 스파이럴 커터 또는 필러(감자칼)
- 애호박 1~2개
- 올리브 오일

페스토:
- 잣 100g(또는 호두)
- 신선한 바질과 파슬리 큰 묶음 각 1개씩
- 마늘 1쪽
- 이스트 플레이크 2큰술
- 유기농 레몬 1개에서 추출한 레몬즙
- 올리브 오일 약 5큰술
- 소금, 그라인더로 간 통후추

조리법
- 애호박을 씻은 후 물기를 닦으세요. 스파이럴 커터 또는 필러를 이용해 채 썰거나 스파게티면처럼 얇게 썰어주세요. 애호박 가장 안쪽의 부드러운 심은 필요 없습니다.
- 페스토를 만들기 위해 기름을 두르지 않은 프라이팬에 잣을 넣고 노르스름해질 때까지 볶아줍니다. 허브는 씻은 후 물기를 제거하고, 마늘은 껍질을 벗기세요. 이스트 플레이크, 레몬즙, 올리브 오일, 소금, 후추와 함께 깊은 통(혹은 믹서)에 넣고 핸드블렌더로 갈아주세요.
- 올리브 오일 3큰술을 팬에 두르고 달군 후 애호박 파스타면을 넣으세요. 갈아둔 페스토를 넣고 1~2분 동안 조리하세요.
- 접시 2개에 나누어 담고 바질을 위에 얹은 후 레몬즙, 소금, 후추로 간을 맞추세요. 취향에 따라 고추를 넣어주셔도 좋습니다.

이런 효능이 있어요

현재 독일에서는 동물성 식품 섭취를 포기한 사람들의 수가 이미 약 1백만 명 정도 됩니다. 이들은 채소, 곡물, 견과류, 식물성 지방만을 섭취합니다. 비건 라이프 스타일은 더 이상 낯선 삶의 방식이 아닙니다. 전통적으로 맥주와 고기 애호가들을 위한 축제였던 뮌헨의 옥토버페스트에서도 점차 채식 등심 스테이크를 찾아볼 수 있게 되었습니다.

신념에 따라 채식 또는 완전 채식(비건) 생활을 하기로 결정하는 사람도 있습니다. 하지만 대부분의 사람들은 건강을 위해, 비만, 피부 트러블, 소화불량, 관절염, 편두통 때문에 채식을 합니다. 채식을 하면서 완전히 트렌드세터가 되기도 하죠. 📖 이트-랜싯 위원회(The EAT-Lancet Commission on Food, Planet, Health, 전 세계 30명 이상의 과학자들이 모인 스웨덴의 민간단체*)가 2019년에 발표한 연구 결과에 따르면 소비자들이 육류를 포기하는 것이 기후변화를 막는 데 중요한 기여를 한다고 합니다. 동시에 사람들의 몸무게와 건강에도 좋고요. 다수의 관찰 연구들에 따르면 채식 또는 완전 채식 생활을 하는 사람들은 육식을 하는 사람들보다 노년기에 건강을 잘 유지할 수 있는 것으로 드러났습니다. 2019년에 840명을 대상으로 진행된 연구 결과에 의하면 완전 채식을 하는 사람의 혈액 검사 결과가 훨씬 좋았고, 위도 더 건강했으며, 염증 수치 또한 현저하게 낮았습니다. 이런 걸 보면 때때로 고기 소비를 줄이고 싶어지지 않나요?

[자아성찰] 기적의 질문

관점을 바꾸어 문제를 해결하기

간단 요약: 오늘은 여러분이 몰두하고 있는 문제에 그 유명한 '기적의 질문'을 던져볼 거예요. 즉, 문제가 어디서 왔는지를 보는 것이 아니라 그 문제가 벌써 해결되었다면 여러분의 세상이 어떨지를 시각화해보는 것이죠. 이러한 기적이 일어났을 때 여러분이 무엇을 할 것인지 하는 질문과 연결해보는 거예요. 이 놀랍고도 간단한 접근 방식은 어려운 상황에서 건설적으로 행동하고 긍정적인 변화를 이끌어내는 데 큰 도움이 됩니다. 오늘 한번 시도해보세요!

'문제는 문제가 아닌 해결에 집중함으로써 해결된다.' 얼마나 멋진 문장인가요? 흠, 그런데 저는 처음에는 곰곰이 생각해봐야 했어요. 왜냐하면 보통 저는 제가 지금 깔고 앉아 있는 이 파편 더미가 어디서 온 건지 생각하려고 하는 충동이 제일 먼저 들거든요. 더 안 좋은 경우에는 이것이 제 책임인지 남의 책임인지를 생각합니다. 그러면 더 우울해지고, 해결책은 보이지 않고, 부정적인 에너지만 남을 때가 많죠. 그런데 기적의 질문은 그렇지 않아요. 더 나은 미래를 바라보게 하죠. 해결책을 찾고 문제가 더 이상 존재하지 않을 때 얼마나 기분이 좋을지 헤아려볼 수 있도록 합니다. 그럼… 그 해결책은 어때 보이나요? 자, 이제 문제 해결에 뭐가 부족한지 파악할 수 있겠죠? 오늘은 7분 동안 기적의 질문을 이용해 작은 문제 혹은 가슴을 짓누르는 문제를 조금이나마 해결해보세요. 시작해볼까요?

이런 효과가 있어요

- 문제를 해결합니다.
- 불편한 일들에 대처하는 방법을 바꾸어줍니다.

이렇게 하면 돼요

준비물

펜과 메모지

방법

- 오늘 여러분을 괴롭게 하는 것, 화나게 하는 것, 지금 해결할 수 없는 듯 보이는 것이 무엇인지 생각하세요. 회사에서 진행 중인 프로젝트를 해내지 못할 것 같은 마음이 드나요? 아니면 연인 관계에서 스트레스를 받고 있어서 불행하다고 느껴지나요?

- 그럼 이렇게 가정해보세요. 여러분은 집에 있고, 오늘 하려는 일이 아직 몇 가지 남아 있지만 침대에 가서 잠이 듭니다. 그런데 여러분이 자는 동안 기적이 일어납니다. 다음날 아침 깨어났더니 기적이 일어나 여러분을 괴롭혔던 문제가 더 이상 존재하지 않게 됩니다.

- 이제 질문을 해볼 차례예요. 그 문제가 사라졌다는 것을 어떤 것에서 먼저 알아채게 될까요? 그리고 여러분은 그것을 위해 무엇을 했나요? 가능한 한 자세하게 답해보세요. 그래야 여러분 마음속에 자리 잡게 될 강력한 이미지가 생겨납니다.

- 예를 들어 여러분은 벌써 프로젝트를 마무리한 상황이고, 프로젝트를 굉장히 잘 해냈다고 생각해봅시다. 그 프로젝트가 잘되었다는 것을 어디서 알아챌 수 있나요? 누구와 함께 협력했을 것 같나요? 누구에게 도움을 요청했을 것 같나요?

- 아니면 여러분이 연인과 더 행복해졌다고 상상해보세요. 어디서 이런 점을 알아챌 것 같나요? 어떤 것을 지금까지와는 다르게 할 것 같은가요? 그 긍정적인 변화는 (상대방이 아닌) 여러분의 어떤 행동, 어떤 변화에서 나왔을까요?

이런 효능이 있어요

미국의 심리치료사이자 작가인 스티브 드 세이저는 1980년 초 해결중심 단기 상담을 창시했습니다. 심리 문제를 빠르고 영구적으로 해결하는 것이 목표였죠. 📖

세이저의 방식과 방법론은 항상 문제 해결에 집중합니다. 그의 접근 방식은 문제 및 문제의 원인에 초점을 두는 대신 원하는 것과 목표, 개인의 자원과 예외 상황에 주력하는 것이 많은 문제와 고민 해결에 도움이 된다는 가정을 기반으로 합니다.

문제 원인을 다시 생각하는 것은 고통스러울 뿐만 아니라 매우 복잡합니다. 게다가 옳지 않은 것에 에너지를 쏟게 되죠. 이러한 방식으로 세이저는 문제에 대해 이야기하지 않고도 많은 사람들을 '치유'할 수 있었습니다. 그는 이에 대해 비유를 들어 이야기합니다. "내가 고층 건물에 있는데 불이 났다면 '어떻게 불이 난 거지?'라고 묻는 것은 별 도움이 되지 않을 것이다. 훨씬 도움이 되는 건 '비상구가 어디지?' 하는 질문이다."

[운동] 뱃살을 없애는 요가

탄탄한 복근을 위한 아사나

간단 요약: 일단 매년 여름은 확실히 돌아올 텐데요, 혹시 여러분도 1년 내내 뱃살 때문에 고민이신가요? 뱃살을 없애는 요가가 도움이 될 것 같네요. 오늘은 7분 동안 복근 운동을 할 거예요. 하지만 전형적인 복근 운동인 윗몸일으키기나 크런치는 아니고 짧은 시간에 할 수 있는 전통 요가 '아사나'를 해볼 거예요. 규칙적으로 하면 배가 확실히 탄탄해질 거예요. 이 운동은 아침에 일어나서 혹은 사무실에서 중간중간에, 언제 어디서든 할 수 있답니다.

호주에서 저는 제가 요가를 얼마나 사랑하는지 깨달았어요. 저는 그전부터 이미 오랫동안 그렇게나 많은 친구들이 요가에 열광하는 이유가 뭘까 궁금해하던 참이었어요. 요가 수업을 들을 때마다 요가가 참 힘들고 위험하기까지 하다고 느꼈거든요. 불편한 동작을 할 때 저는 그 동작들을 따라 할 수 없었고, 계속 넘어지고 그다음엔 목을 삐끗하곤 했어요. 호주에서는 요가가 야외에서 진행되었는데, 기온도 포근하고 햇살이 내리쬐고 주위에서 새들이 지저귀었어요. 그리고 모든 것이 매우 천천히 진행되었죠. 요가에서는 호흡이 특히 중요했는데 확실한 효과를 느낄 수 있었어요. 몸이 일상으로부터 잠깐의 휴식을 취하고 스스로를 치료하는 것 같은 느낌이 들었어요. 제가 필요로 했던 것이었죠. 오늘은 납작한 배를 위한 몇 가지 운동을 할 거예요. 깊고 차분한 호흡을 잊지 말고 운동 중, 그리고 운동 후에 근육을 이완해주는 것을 기억하세요!

이런 효과가 있어요

- 코어를 강화하고 배를 납작하게 해줍니다.
- 지방 연소를 촉진합니다.
- 복부의 신진대사가 정상화되는 것을 돕습니다.
- 요가 동작 및 호흡을 하면서 스트레스가 완화됩니다.

이렇게 하면 돼요

준비물
러그 또는 요가 매트

방법
산 자세: 똑바로 서서 발 안쪽 모서리를 살짝 위쪽으로 들어 올리고 무릎을 곧게 펴세요. 등을 쭉 뻗고 목을 길게 늘이면서 어깨는 아래로 눌러주세요. 손바닥이 앞쪽을 향하도록 팔을 바깥 방향으로 돌린 다음 배꼽을 안쪽으로 당긴다고 생각하세요. 들이마시는 숨에 오른쪽으로, 내쉬는 숨에 왼쪽으로 몸을 돌려주세요. 팔꿈치는 살짝 굽히고 팔을 들어올린 채로 유지합니다. 10번 호흡하며 반복하세요.

앞으로 굽히기: 똑바로 앉은 다음 무릎을 살짝 굽히고 발끝을 당겨주세요. 들이마시는 숨에 팔을 위로 곧게 뻗고, 손바닥은 서로 마주 보게 하세요. 숨을 깊이 내쉬며 배꼽을 안쪽으로 당기세요. 다시 숨을 들이마시고, 내쉬면서 상체를 앞쪽으로 굽히세요. 목은 길게 유지합니다. 배와 허벅지가 만난다는 느낌으로 굽혀주세요.

보트 자세: 바닥에 누워 무릎을 구부리고 발을 바닥에 세워주세요. 숨을 내쉬면서 배꼽을 안쪽으로 당기고, 어깨뼈의 아래쪽만 바닥에 닿도록 상체를 들어 올리세요. 목은 길게 유지하세요. 다리가 90도가 되도록 들어 올리고 발끝을 당겨주세요. 팔을 들어 올려 손바닥이 무릎과 평행하도록 쭉 뻗으세요. 6번 호흡을 하며 버티고 다시 길게 누우세요. 잠시 누워 있다가 1분 동안 깊이 호흡하세요.

이런 효능이 있어요
우리 배는 비교적 빨리 근육을 만들어낼 수 있어요. 이를 통해 지방도 분해되기 때문에 복근 운동을 추천하게 되는 것이죠. 예를 들어 복부 지방세포는 다리 피하지방 조직의 무해한 세포와 달리 대사 작용을 합니다. 즉, 복부 지방에서 우리를 아프게 할 수 있는 전달 물질과 염증 물질이 생성된다는 뜻이죠. 허리둘레는 생각보다 빨리 적정수치를 넘어서게 된답니다. 여성의 경우 허리둘레 88cm, 남성의 경우 102cm부터는 건강에 위험한 것으로 간주됩니다.
독일 에센의 자연요법 및 통합의학 클리닉에서 진행한 한 요가 연구는 요가가 뱃살을 빼는 데 효과적이라는 것을 보여줍니다.
오늘의 미니 요가 운동으로 여러분도 요가를 좋아하게 되실지도 모르겠어요.

[나와당신] 거절하기
에너지와 짜증을 줄일 수 있는 선 긋기

간단 요약: 오늘은 여러분이 원치 않는데도 '잠깐만 빨리' 뭔가를 해달라고 요구하는 설득의 귀재들에게 퇴짜를 놓아볼 거예요. 여러분이 이제까지는 다른 사람의 일을 계속 대신해주며 천천히, 하지만 확실하게 번아웃을 향해 가는 친절한 예스맨 중 1명이었다면 오늘부로 끝입니다. 여러분이 7분 동안 어떻게 스스로를 지키며 '아니오'라고 할 수 있는지 3가지 전략을 보여드리도록 할게요.

여러분도 아마 그 시기를 아실 거예요. 2세에서 3세 사이의 아이들이 확고하게 이 단어를 제일 좋아하죠. 이 단어는 바로 '싫어요'입니다. 저는 쌍둥이 아이들 덕분에 이 소리를 동시에 2배로 들으며, 온 집안 사방에서 메아리치는 '싫어요' 가운데 살았답니다. 짜증 나지만 때로는 즐겁기도 했어요. 특히 두 아이들이 얼마나 크게 이야기해야 하는지, 얼마나 많이 반복해야 하는지, 아니면 어떤 높이의 톤으로 이야기해야 이 모든 게 먹히는지 테스트하는 것을 보는 게 재미있었습니다. 아이들이 싫다고 말하는 방식에서 저는 아이들이 지금 얼마만큼 진지하게 거절하는지 빠르게 알아챌 수 있었습니다. 싫

다고 말하는 데 어려움이 있으시다면, 이게 바로 오늘 여러분이 해야 할 과제입니다. 1가지 분명한 것은 거절하는 법은 배워두는 것이 좋다는 점입니다. 자연스럽게 선을 긋는 일이기 때문이죠. 자신의 힘과 시간적 여유에 대해 아는 것은 본인 스스로밖에 없기 때문에 의식적으로 잘 대처해야만 합니다. 그렇지 않으면 여러분은 압박을 받을 테고 이것이 무엇을 의미하는지는 우리 모두 알고 있죠. 좋은 소식을 하나 알려드릴게요. 저희 집 쌍둥이처럼 다양한 방법으로 충분히 테스트를 해보시면 나중에 그 효과가 뚜렷하게 나타나고, 심지어 마음도 편해질 거예요.

이런 효과가 있어요

- 힘을 절약합니다.
- 스트레스를 해소합니다.
- 자존감이 커집니다.
- 더 존중받을 수 있습니다.

이렇게 하면 돼요

선을 긋는 것은 삶에서 스트레스를 덜어내고, 항상 지쳐 있는 상태 혹은 심지어 지속적인 부담으로 인해 번아웃이 발생하는 것을 막기 위해 가장 효과적인 셀프 헬프(Self-help) 방법이라는 것을 기억하세요. 오늘은 '아니오'라고 말하면서도 마음이 불편하지 않을 수 있는 법을 3단계로 배워볼게요.

- 누군가 여러분에게 무엇인가를 부탁한다면 생각할 시간을 가져보세요. 큰일일 경우 하룻밤의 시간을 달라고 부탁하고("하룻밤 자면서 생각해볼게요"), 작은 일일 경우 5분을 요청해보세요. 여러분이 정말 원하는 것, 이루고자 하는 것이 무엇인지 내용적으로 그리고 시간을 가지고 검토해보세요. 이 과정은 '아니오'라는 말(또는 '네'라고 할 때도)을 하는 과정을 더 쉽게 만들어줍니다.
- 확신이 들면 입장을 분명히 하고 육체적으로도 싫다고 표현하세요. 즉, 똑바로 서서 어깨를 뒤로 젖히고 명확한 목소리로 이야기하세요. 눈을 바라보고 말하세요. 몸을 움츠리고 작게 이야기하는 것은 비생산적입니다. 그렇게 하면 상대의 흥미를 더 유발하게 될 뿐입니다("뭔데, 이야기해봐").
- 상대방이 이의를 제기하는 것이 소용없다는 것을 알 수 있도록 확실하게 이야기하세요. 2가지 방법이 있습니다. 간단한 방법은 얄밉게 행동하는 상대에게 친절하게, 하지만 단호하게 말하는 거예요. "미안해. 난 티라미수를 만들 수 없어." 조금 더 오래 걸리는 방법은 그 부탁이 중요한 이유를 이해한다는 것을 보여주되 왜 여러분이 그 일을 할

수 없는지 이유를 말하고 "정말 미안하지만 이번에는 어려워"라고 분명하게 선을 긋는 거예요. 누군가 여러분에게 계속 부담주려고 한다면 '아니오'라고 말하면서 다른 대안을 제안해볼 수도 있습니다. "대신 냉동 아이스크림 케이크를 가져갈 수 있어."

이런 효능이 있어요

여러분도 이런 말들 다 아시죠? "지금 잠깐 도와줄 수 있어?" "너 티라미수 진짜 잘 만들잖아. 일요일에 우리 파티에 만들어 올 수 있어?" 또는 "우리 오늘 저녁까지 이걸 완성해야 합니다. 아니면 앞으로 추가 계약은 없을 거예요" 혹은 "저는 솔직히 회사를 사랑하는 우리 직원들이 더 열심히 해줄 것을 기대합니다. 우리는 모두 가족 같은 존재니까요."

우리는 이제 사람들이 몰래 설치해둔 그물에 걸리지 않을 거예요. 이 그물은 교묘한 칭찬에서 엄청난 압박에 이르기까지 다양한 것으로 짜여 있고, 연인, 상사, 동료, 자녀들로부터 뻗어나올 수 있습니다. 모든 그물은 우리가 솔직하게 대답할 수 없도록 만드는 감정을 우리 내면에서 유발하죠. 그 뒤에는 거절당하고, 덜 사랑받고, 덜 인정받고, 덜 존중받게 될 것이라는 두려움이 숨어 있습니다. 그 집단에 소속되고 싶고, 이기적인 것처럼 보이기 싫은 것이죠. 하지만 사실 에너지와 시간, 흥미, 여유가 없음에도 항상 '알겠다'는 대답을 쥐어짜낸다면 스트레스를 받아 건강을 위협하는 결과를 초래하게 될 수 있습니다.

안 돼!

[뷰티] 라벤더 족욕

고생한 발을 위한 목욕과 마사지

간단 요약: 오늘은 고생을 많이 한 발에게 관심을 표현해보세요. 일단 긴장을 풀어주는 족욕을 하고, 그다음 라벤더 오일로 발 마사지를 하세요. 이 멋진 방법은 사계절 내내 효과가 있답니다. 여름에는 열을 식혀주고 발의 부기를 빼주고, 추운 계절에는 잠자리에 들기 전에 발을 따뜻하게 데워주죠. 라벤더는 다양한 효능을 지닌 식물인데요, 족욕을 할 때 사용하면 피로 회복에 좋고, 불안감이나 두려움을 완화하고, 더 쉽게 잠이 드는 데 도움이 된답니다. 페디큐어를 하기 전에 해도 정말 좋아요. 페디큐어를 시작하기도 전에 잠드실지도 모르지만요. ☺

저는 항상 연보라색을 제일 좋아했어요. 아마 어렸을 때 부모님과 함께 프로방스 지방의 라벤더 밭을 보고 잊을 수 없었기 때문인 것 같아요. 색과 향기의 파도가 넘실댔죠. 이 점은 제가 프로방스에 머무는 동안 살면서 가장 많이 모기에 물렸다는 점을 상쇄해주었어요. 라벤더는 믿을 수 없을 정도로 많은 일을 할 수 있어요. 최근에는 라벤더가 마음에 미치는 영향과 효능이 입증되었죠. 라벤더는 불안감이나 두려움, 수면 장애를 극복하는 데 큰 도움이 됩니다. 또한 진정 효과가 있으며, 복부 내 가스 제거에도 좋답니다. 옛 서적들에는 뜨거운 물에 라벤더를 넣어 목욕을 하면 생리통에 좋다고 적혀 있으며, 저혈압인 사람들에게 추천한다고 기록되어 있습니다. 저는 라벤더를 '명문가 여성들의 신경쇠약을 위한 식물'이라고 표현한 것이 재미있다고 생각했어요. 오늘날에는 라벤더를 쉽게 구해 사용할 수 있으며, 좋은 효과를 기대할 수 있습니다. 라벤더를 즐겨보세요.

이런 효과가 있어요

- 긴장을 풀어주고 수면을 도와줍니다.
- 몸을 따뜻하게 해주고 부기를 빼주며, 열을 식혀줍니다.
- 두통, 두려움 및 피로 개선에 좋습니다.
- 발 관리에 좋습니다.

이렇게 하면 돼요

재료

- 라벤더 오일 5방울과 바디 오일 또는 바디 로션 혼합
- 큰 용기나 통 또는 아기용 욕조

방법

- 큰 용기를 여름에는 찬물, 겨울에는 따뜻한 물로 채우세요. 지금 여러분에게 적당할 것 같은 온도를 고르세요. 발을 담근 채로 한동안 두세요.
- 작은 그릇에 라벤더 오일 5방울을 소량의 바디 오일 또는 바디 로션과 섞은 후 발을 꼼꼼히 마사지해주세요.
- 30분 동안 다리를 높은 곳에 올려두거나 바로 잠자리에 드세요. 부기를 빼주고 개운하게 해줄 거예요.

이런 효능이 있어요

대부분의 사람들에게 라반둘라 안구스티폴리아(Lavendula angustifolia, 청보랏빛 꽃을 피우는 허브가 의학적으로 불리는 이름)는 햇빛이 넘실대는 여름을 연상시킵니다. 이삭 모양의 꽃을 피우는 단단한 줄기의 이 식물은 특히 지중해 연안, 이탈리아, 스페인, 특히 남프랑스에서 잘 자라거든요. 프랑스의 도시 그라스 주변의 거대한 라벤더 밭은 7월과 8월에 강렬한 향기를 발산합니다. 타임이나 레몬밤 등을 이용한 다른 에센셜 식물성 오일에도 함유되어 있고 라벤더에도 들어 있는 성분인 리날룰(Linalool) 덕분에 나는 향입니다.

고대 로마에서는 긴장을 완화해주는 라벤더 목욕을 소중히 여겼고, 귀족 가정에서는 빨래를 라벤더 물로 깨끗하게 세탁했는데요, 이는 '라벤더'라는 이름의 기원이 되었습니다 (라틴어 lavare는 씻는다는 뜻).

베네딕트회의 수도사들이 18세기에 알프스를 넘어 라벤더를 가져온 이래로 겨울에도 잘 자라는 식물인 라벤더는 수도원, 그리고 이후 개인 정원에서 관상용 및 약용 식물로 퍼져나갔습니다. 라벤더는 그저 예쁜 관상식물을 넘어 전통적인 자연요법에 뿌리내린 약초이기도 합니다. 우선 라벤더는 스트레스를 받은 신경에 탁월하게 작용하는 진정제입니다. 사람들이 라벤더를 '신경 허브'나 '힐링 꽃'이라고 부르는 데는 이유가 있죠. 라벤더는 리날룰 외에도 리날릴 아세테이트(Linalyl acetate), 캠퍼(Camphor), 유칼립톨(Cineole)을 함유하고 있습니다. 이 성분들은 라벤더를 피로와 긴장을 풀어주는 검증된 치료제로 만들어주죠.

라벤더는 스트레스를 받은 발을 이완시킬 뿐만 아니라 몸 전체의 신경 경로를 통해 에센셜 오일의 활성 성분을 전달합니다. 족욕은 발의 굳은 살과 각질을 제거하는 데에도 정말 좋습니다. 라벤더의 에센셜 오일은 항균, 항진균(살균) 성분을 가지고 있기 때문에 발 무좀이나 발톱 무좀에도 도움이 될 수 있습니다. 또한 족욕은 몸 전체를 따뜻하게 해 조용하고 균형잡힌 숙면을 촉진합니다. 🌸

닻 내리는 날

여섯 번째 주도 매우 빨리 지나간 것 같아요. 여러분이 그동안 7개의 분야별로 팁을 하나씩 실천해보는 것을 완료하셨기를, 그리고 나중에 여러분의 삶을 풍요롭게 해줄 팁을 하나, 또는 여러 개 발견하셨기를 바랍니다. 이번 주에 했던 팁들에 대해 생각해보세요. 어떤 팁들이 좋았고, 어떤 팁은 그냥 괜찮았거나 혹은 별로였나요? 스마일리로 체크해보세요.

Tip 1　　**건강: 자연요법의 커피 한 잔**
　　　　　　중간중간 냉 팔욕 하기(128쪽)　　　　😊 😐 ☹️

Tip 2　　**심신의학: 나만의 노래 부르기**
　　　　　　해피 바이러스 보장(130쪽)　　　　　😊 😐 ☹️

Tip 3　　**영양: 즐길 요소가 가득한 채식**
　　　　　　비건 실험(132쪽)　　　　　　　　　😊 😐 ☹️

Tip 4　　**자아 성찰: 기적의 질문**
　　　　　　관점을 바꾸어 문제를 해결하기(134쪽)　😊 😐 ☹️

Tip 5　　**운동: 뱃살을 없애는 요가**
　　　　　　탄탄한 복근을 위한 아사나(136쪽)　　😊 😐 ☹️

Tip 6　　**나와 당신: 거절하기**
　　　　　　에너지와 짜증을 줄일 수 있는 선 긋기(138쪽)　😊 😐 ☹️

Tip 7　　**뷰티: 라벤더 족욕**
　　　　　　고생한 발을 위한 목욕과 마사지(140쪽)　😊 😐 ☹️

지난 5주를 다시 돌이켜보세요. 첫 번째 주(17쪽), 두 번째 주(39쪽), 세 번째 주(61쪽), 네 번째 주(83쪽), 다섯 번째 주(105쪽). 어떤 팁들이 특별히 마음에 드는지 여기에 적어보세요. 계속하고 싶은 팁은 어떤 것인가요? 중간 정도로 마음에 들어서 다시 한 번 기회를 주고 싶은 팁은 무엇인가요?

리뷰

어떤 팁들이 마음에 들었고 별로였는지 이곳에 기록하고 이번 주에 경험한 것을
메모해보세요.

가장 마음에 든 팁과 그 이유:

....

....

....

....

....

....

....

다음 주에 다시 해볼 팁:
(날짜와 시간도 미리 적어보세요)

....

....

....

....

....

....

언젠가 다시 해보고 싶은 팁:

. . . .

. . . .

. . . .

. . . .

. . . .

. . . .

. . . .

. . . .

. . . .

. . . .

별로였던 팁과 그 이유:

. . . .

. . . .

. . . .

. . . .

. . . .

. . . .

. . . .

. . . .

. . . .

이미 정기적으로 하고 있는 팁:

. . . .

. . . .

. . . .

. . . .

의견:

. . . .

. . . .

. . . .

. . . .

. . . .

. . . .

운동 관련 추가 팁
:빅풋

오래 앉아계신 분들에게 좋은 운동을 소개할게요. 테니스공 하나만 있으면 됩니다. 공을 바닥에 두고 맨발로 발바닥 아치 형태의 부위를 테니스공 위에 올려주세요. 공 위에 올린 쪽 발에 무게를 더 싣고 앞뒤로 굴려 발뒤꿈치까지 공이 움직이도록 하세요. 3분 동안 한 뒤 발을 바꾸어서 해보세요. 발뒤꿈치부터 발가락 뼈까지의 근막을 활성화하는 효과가 있답니다.

7주차를 위한 준비

7주차 팁을 위한 재료 및 도구

- 알람시계나 타이머 기능이 있는 시계
- 탁자 1개와 의자 2개
- 펜과 메모지
- 색연필

7주차

더 건강한 삶을 위하여
• • •

벌써 7주차인가요?

7주차에는 피로한 눈에 좋은 2가지 운동하기,

감각을 활짝 열어주는 숲속에서 산책하기,

간헐적 단식 시도해보기,

스토아주의의 평정심 훈련하기,

일상 속에서 해볼 수 있는 지구력 훈련하기,

사랑을 위한 대화 나누기,

내면의 아름다움을 가꾸기 위한 그림 그리기를 시작해볼 거예요.

[건강] 피로한 눈에 좋은 운동 하기

시력 강화

간단 요약: 단 7분 동안만의 눈 운동으로도 시력을 훨씬 강화할 수 있고, 안구건조증도 예방할 수 있어요. 오늘은 2-in-1 운동을 해볼 텐데요, 첫 번째 운동으로는 초점을 조절하는 내안근과 안구 운동을 담당하는 외안근을 단련할 수 있고, 두 번째 운동은 경직된 외안근을 풀어주고 눈을 촉촉하게 해주는 데 좋답니다.

여기 여러분께 말씀드릴 새로운 통증 부위가 있어요! 아니요, 대부분의 사람들이 가장 먼저 떠올리는 신체 부위들은 아니에요. 땡! 엉덩이, 팔뚝, 배 아닙니다. 바로 눈입니다! 이유는 분명하죠. 최근 많은 사람들이 매일 컴퓨터나 스마트폰을 사용하는 데 오랜 시간을 보내고 있습니다. 흰 바탕 위 깨알같이 작은 까만 글씨들을 때로는 너무 가까이 또 오랫동안 화면을 응시하죠. 눈이라는 감각기관에 가해지는 이러한 과부하는 실제로 시력 저하, 뻑뻑하고 따끔거리는 안구건조증, 더욱이 두통을 유발하기까지 합니다. 이러한 증상들을 예방하기 위해 많은 것들을 할 필요는 없어요. 그래서 오늘은 제가 직접 효과를 본 눈 운동법 2가지를 가져왔습니다. 눈 요가와 눈 깜빡임 운동법을 즐겨보세요.

이런 효과가 있어요

- 내안근과 외안근을 단련합니다.
- 눈이 촉촉해져 쉐그렌(건조증후군)을 완화하는 데 도움이 됩니다.
- 시력 개선으로 근시나 녹내장을 완화하는 데 도움이 됩니다.
- 안구 근육을 풀어주고 두통 및 경부통을 예방합니다.

이렇게 하면 돼요

눈 요가

- 안경을 착용하신 경우, 안경을 벗어주세요.
- 먼저 시선을 오른쪽으로 향하게 하고 잠시 유지해주세요. 그다음 시선을 왼쪽으로 돌리고 – 유지 – 위로 향한 후 – 유지 – 아래로 향한 다음 – 유지하세요.
- 이 동작들을 하나의 원이 되도록 연결하고 천천히 원을 그리며 양방향으로 5번씩 반복하세요.
- 엄지손가락을 눈앞에서 10cm 떨어진 곳에 두세요. 손가락을 응시하며 각 방향으로 동작을 다시 반복하세요.

눈 깜빡임 운동법

- 계속 이어갑니다. 가능한 한 빠르게 눈꺼풀을 '깜빡여'주세요. 편안한 자세를 유지하세요. 이 과정을 약 1분간 진행하세요.
- 눈 위로 미끄러운 눈물층이 느껴지고 눈이 편안해질 거예요. 눈 운동이 끝난 후, 잠시 눈을 감고 이완되는 느낌을 즐겨보세요.

이런 효능이 있어요

근시, 녹내장, 쉐그렌, 컴퓨터 사용으로 인한 두통은 우리가 분명 개선할 수 있는 질병들입니다. 정말 놀라운 일이죠! 🔖

- 근시 완화: 우리의 눈이 초점을 맞추려면, 수정체의 형태가 계속해서 변해야 합니다. 이러한 기능을 안구 조절작용이라고 하죠. 이는 우리가 장시간 컴퓨터 앞에 앉아 있을 때면 안구 속 유리체의 형태가 길게 변하게 된다는 것을 의미합니다. 이 상태가 오래 유지될 경우, 유리체가 영구적으로 길어진 상태인 근시가 유발됩니다. 현재 독일은 인구의 1/3이 근시이며, 아시아 지역은 현저히 더 높은 수치를 보이고 있습니다. 컴퓨터 앞에서 보내는 시간이 극도로 긴 싱가포르와 홍콩과 같은 도시 국가에서는 국민의 약 60%가 안경을 써야 하고, 학생의 경우 그 비율이 이미 90%에 달한다고 합니다! 지난 20년간 근시 인구가 증가한 것이 유전적인 문제가 아닌 것은 분명합니다. 심각한 근시는 녹내장이 발병할 가능성을 높이는데요, 대부분의 경우 녹내장은 안압을 증가시키고, 이는 실명으로까지 이어질 수 있습니다.

- 쉐그렌 완화: 보통 우리는 1분당 10~15회 눈을 깜빡여서 눈을 촉촉하게 만듭니다. 하지만 컴퓨터 화면을 응시하면 눈을 깜빡거리는 횟수가 절반으로 감소하게 됩니다. '눈 깜빡임 운동'이 필요한 시간이죠.
- 컴퓨터 사용으로 인한 두통 완화: 안구 근육이 심하게 경직되면 두통이 발생할 수 있습니다. 두통에도 눈 요가가 큰 도움이 된답니다!

눈 운동 요법의 창시자인 안과 의사 윌리엄 베이츠 박사는 이미 1920년대에 사람들이 규칙적인 눈 운동을 해줌으로써 노년까지 안경을 착용하지 않고 지낼 수 있다고 밝혔습니다. 요즘은 규칙적으로 운동하고, 좋은 조명을 사용하고, 스크린이나 책으로부터 최소 30cm의 거리를 두는 것 또한 근시를 예방하는 데 도움된다는 것이 잘 알려져 있죠.

++++++++ **7분이면 되나요?** ++++++++ 네, 7분 동안 2가지 운동법을 반복해서 해보세요! ++++++++

[심신의학]
나무 아래에서 깊은 휴식 취하기
숲으로 가자!

간단 요약: 만약 나무를 보느라 숲을 보지 못하고, 스트레스를 받아 심장이 목구멍으로 튀어나올 것처럼 심하게 뛰고, 금방이라도 정신을 놓아버리거나 우울해질 것 같은 생각이 든다면, 무엇보다 도움이 되는 것이 1가지 있습니다. 1가지이지만 모든 것에 효과가 있죠. 바로 산림욕입니다! 오늘은 7분 동안 시간을 내어 잠깐 숲속에서 여유롭게 산책을 해보세요.

어렸을 때 저는 숲이 무섭다고 생각했어요. 숲은 깊고 또 그 속에는 아주 무시무시한 것이 있을 거라고 짐작했죠. 아시다시피 늑대 인간, 마녀, 땅 요정, 룸펠슈틸츠헨(그림 동화 속 난쟁이*)은 어두운 숲에서 등장하잖아요. 그런데 어떻게 된 건지 어두컴컴한 숲은 더 이상 존재하지 않았습니다. 오히려 질서정연하게 자란 나무들 사이로 아름다운 산책로가 굽이져 있더군요. 제가 어린 시절 상상했던 모든 괴물들은 그사이 다른 숲을 찾아 떠난 것 같아요. 자신의 모습을 숨기고 어린이들을 놀라게 할 수 있는 곳으로 말이죠.

오늘 해보게 될 과제는 실패할 일이 전혀 없는 간단한 팁입니다. 삼림욕을 할 때는 '단지' 숲속에서 산책하거나 조용히 앉아 열린 감각으로 느림을 경험하기만 하면 되거든요. 네, 맞아요. 때로는 이러한 것도 충분히 어렵죠. 아주 놀라운 것은 그러다보면 천천히 숲속에서 다양한 것들을 새롭게 발견하고, 머리를 다시 비우고, 내면의 평화를 찾고, 감각을 날카롭게 다지고, 자신에게 좋은 것과 또 좋지 않은 것에 대한 직관을 기르게 될 거라는 점이에요. 이때 '중요한 것'에 대해 생각하거나 토론하지 않는 것이 중요합니다. 만약 스트레스를 받는다고 느껴진다면, 침착하게 숨을 쉬고 다시 숲으로 시선을 돌려보세요.

이런 효과가 있어요

- 혈압과 심박수가 정상수치가 됩니다.
- 아드레날린과 코르티솔과 같은 스트레스 호르몬이 실제로 감소합니다.
- 면역 세포의 생산 증가로 면역 체계가 강화됩니다.
- 기분이 좋아집니다.
- 활력이 증가합니다.

이렇게 하면 돼요

- 이번 주에 외출하려고 했던 날을 하루 고르되 이번에는 숲으로 향하세요. 해가 뜨는지, 비나 눈이 오는지는 중요치 않습니다. 열린 감각으로 침착하게 목적 없이 거닐면서 숲을 (재)발견해보세요. 산림욕은 혼자서 즐겨도 좋고 가장 친한 친구나 연인은 물론 산림욕을 좋아하는 아이들과 함께 즐겨도 좋습니다.

- 7분 동안 할 수 있는 일들: 숲속에서 잠시 머무르고 싶은 아름다운 공간을 찾아보세요. 그곳에 앉아 어떤 일이 일어날지 기다려보세요. 그 공간을 인지하고, 귀 기울이고, 보고, 냄새를 맡고, 느껴보세요.

이런 효능이 있어요

아름다움, 그늘, 맑은 공기, 고요함, 향기. 숲은 이 모든 것이며, 그 이상이기도 합니다. 일본과 미국에서 산림욕은(일본어로 신린요쿠(Shinrin-Yoku), 영어로 Forest Bathing) 이미 오래전부터 잘 알려져 있고, 더욱이 일본과 한국에서는 보건당국이 산림욕을 치료법의 한 형태로 인정하고 있어요. 주의력 강화 운동과 숨쉬기 운동, 간단한 명상이 결합되어 있는 숲속에서의 느린 산책은 스트레스와 현대병을 치료하고 예방할 수 있는 산림 치유에서 가장 중요한 요소입니다. 이제 학자들 또한 산림욕 연구에 몰두하고 있으며, 대학 내에는 산림 치유와 기후요법(날씨가 몸에 미치는 영향을 이용해 질병을 치료하는 방법*)에 관한 교육과정이 마련되어 있습니다.

산림욕을 연구한 일본의 중요한 학자들 중 한 명인 칭리(Qing Li) 박사는 도쿄 니혼의과대학교의 교수이자 2007년 설립된 일본 삼림의학학회 회장입니다. 그는 산림욕이 정신, 스트레스 인지, 면역 체계에 미치는 영향을 입증한 수많은 연구를 발표했습니다. 특히 스트레스 관련 질병(심장 및 순환기 질환, 신진대사 장애, 자가면역질환, 암)을 효과적으로 예방하는 수단으로서 규칙적인 산림욕의 효과를 증명했습니다. 예컨대 질병을 앓고 있는 사람이 산림욕을 하게 되면 진통제 복용량을 줄일 수 있습니다. 또한 우리가 나무 아래를 거닐 때면 식물의 에센셜 오일 성분인 피톤치드를 들이마시게 되는데, 피톤치드는 면역 기능을 강화해주는 효과가 있습니다.

산림욕은 우울증 환자들에게도 도움이 되는데요, 산림욕은 약물 복용량을 줄여줍니다. 또한 녹지를 자주 보는 사람은 두통을 겪는 경우가 적으며, 창밖에 녹색이 많이 보일수록 학생들의 학습 능력은 더 향상됩니다. ⓜ

[영양] 간헐적 단식

건강한 단식 계획하기

간단 요약: 단식 또는 간헐적 단식은 음식을 아예 먹지 않는 식생활 트렌드를 말합니다. 단식 요법은 건강상의 다양한 이점을 갖고 있으며, 이는 이제 과학적으로도 증명되었습니다. 단식으로 느리지만 분명히 체중을 감량하고 있는 사람들도 있습니다. 좋은 점은 개인의 필요와 스케줄에 최적으로 맞출 수 있는 다양한 방법의 간헐적 단식이 있다는 것이죠. 그러니 오늘은 어떤 간헐적 단식이 자신에게 가장 잘 맞는지, 어떤 단식법을 실천해볼 것인지 고민하고 계획해보세요.

어느 순간 간헐적 단식의 열풍이 저에게도 불어왔습니다. 그저 글로만 접한 것이 아니라 실제로 매일의 일상에서 겪었죠. 저는 그전에는 단식이라는 것을 단 한 번도 해본 적이 없었고, 며칠 동안 아무것도 먹지 못한다는 것은 상상만 해도 끔찍한 일이었습니다. 단식에 열광하는 모든 기사나 사실들에 대해 호의적으로 생각하고 있었는데도 말이죠. 그렇지만 간헐적 단식은 다른 것이었어요. 단식만큼 많은 효과를 보지는 못하겠지만, 그래도 분명히 어떠한 변화를 이끌어내죠. 제 경우에는 아침식사를 포기하는 것은 별로 어렵지 않았어요. 어차피 밤에는 잠을 자기 때문에 저는 오후 12시부터 저녁 8시 사이에만 식사를 하기로 했어요. 만약 주말에 가족과 아침을 푸짐하게 먹을 경우에는 다음 식사 시간까지 5시간 동안은 아무것도 먹지 않습니다. 이렇게 해도 효과를 볼 수 있어요. 저는 개인적으로 이러한 간헐적 단식을 통해 체중을 증량하지 않고, 아침에 더 많은 에너지를 얻는 동시에 점심식사를 더욱더 즐길 수 있게 되었습니다. 여러분도 자신에게 맞는 간헐적 단식 방법을 찾아 실천해보세요.

이런 효과가 있어요

- 신진대사를 균형 있게 만들어줍니다.
- 혈압을 낮춰줍니다.
- 뇌를 건강하게 보호합니다.
- 정상 체중에 도달하도록 해줍니다.
- 노화 방지에 도움이 됩니다.

이렇게 하면 돼요

● 몸에게 음식으로부터 쉴 수 있는 시간을 주세요. 몸은 원래 이러한 시간을 필요로 한답니다. 우리 몸은 생물학적으로 신진대사가 원활하게 이루어지도록 휴식이 필요한 구조로 설계되어 있습니다. 몸이 건강하다면 본인에게, 본인의 스케줄에 잘 맞는 간헐적 단식을 다양한 방식으로 실천할 수 있습니다.

16시간 금식 / 8시간 식사

● **3번의 식사 시간 사이에 5시간의 금식:** 이 방법은 식사 후 인슐린 수치를 다시 정상 수치로 낮춰주고, 여러분은 건강한 허기짐과 포만감을 경험하게 됩니다.

● **5:2 법칙:** 1주일 중 연속되지 않는 날짜를 임의로 2일을 골라 해당하는 날에는 단식을 하고, 그 외의 날에는 원하는 것을 할 수 있습니다. 단식을 하는 날 여성의 경우 단백질이 풍부한 유제품, 과일, 채소를 통해 최대 500kcal를 섭취해야 하고, 남성은 600kcal를 섭취해야 합니다.

● **16:8 법칙:** 시간제한 식이요법(Time Restricted Eating)에서 인기 있는 법칙입니다. 이 법칙에서는 14, 16, 18시간의 단식이 가능합니다. 이 경우 대부분 저녁식사는 생략되고, 단식 시간에는 수면 시간이 포함되며, 그 후 다시 음식을 섭취하게 됩니다.

이런 효능이 있어요

사람들은 체중계 위에서, 거울 앞에서 다이어트 결과를 빨리 확인하고 싶어 하죠. 숨을 계속 참고 있지 않아도 비키니나 수영복에 몸이 다시 맞도록 여름 휴가철이 다가오기 전까지 사람들은 스스로를 채찍질합니다. 많은 방법의 다이어트에서 문제가 되는 점은 아무것도 섭취하지 않는 시간 동안 신체가 신진대사 기능을 저하시킨다는 것입니다. 합리적 반응이죠. 말하자면, 신체는 체내에 저장된 영양분으로 더 오랫동안 버티게 되고, 전보다 훨씬 더 적은 양의 에너지를 소비하게 됩니다. 그 때문에 여름휴가가 끝나고 다시 먹기 시작하면 말을 잘 듣는 몸은 사이즈를 원래의 신체 사이즈로 되돌리고, 살이 더 찌게 되는 것이죠.

너무 고통스럽지 않으면서 다이어트에 도움이 되는 것이 단식입니다. 이미 오래전 동물 실험을 통해 단식이 몸을 더 건강하고 날렵하게 만들며, 더욱이 오래 살게 한다는 것이 증명되었습니다. ⓜ 또 오스트리아 그라츠 대학교에서 인간을 대상으로 진행한 간헐적 단식 관련 연구에서는 간헐적 단식이 체중 감량에 도움될 뿐만 아니라, 혈압을 낮추는 데도 긍정적인 영향을 미친다는 사실이 밝혀졌습니다. 다른 연구들에서는 단식이 심장 질환에 대한 위험요인을 감소시키고, 당뇨와 더욱이 항암 치료 중에도 긍정적인 효과를 주는 것으로 나타났습니다.

[자아 성찰] 스토아적 삶의 태도

평정심 훈련하기

간단 요약: 불안한 감정의 동요로부터 자유로워지고, 어려운 상황에서도 냉철함을 유지하고 싶지 않은 사람이 과연 있을까요? 오늘은 고대 그리스 스토아학파의 몇 가지 기본 규칙을 이용해 자신의 감정, 기대, 행동에 대한 통찰력을 길러보고 '견디기, 침착함과 평정심 유지해보기'를 시도한 다음 이 태도를 다음날까지 유지해보세요. 스토아주의자처럼 생각하는 것이 무엇을 의미하는지 읽어보고, 이를 통해 여러분이 오늘 어떤 구체적인 상황을 다르게 설계할 수 있을지 적어보세요.

저는 평정심을 잘 잃어버려요. 소리 지르고, 투덜거리고, 이리저리 뛰어다니죠. 포도주스가 깨끗한 식탁보 위에 엎질러지고, 강아지는 가죽 소파를 물어뜯고, 남편은 신었던 양말을 또 빨래통 옆에 던져두고, 마지막 기차는 운행을 중단해버리는 등의 일들이 일어나기 때문이죠. 침착하게 있지 못하는 나, 아직까지도 완벽하지 않은 나 때문에 대부분 스스로에게 가장 화가 나요. 여러분도 이런 감정을 아시나요?

제 아이들도 요즘 저처럼 행동하기 시작했어요. 불평이 심할 때면 때로는 참기가 힘들답니다. 예전에 들었던 라틴어와 고대 그리스어 수업을 떠올려봅니다. 까다로운 어휘를 배워야 했던 점은 힘들었지만, 당시 저는 고대 그리스인과 로마인이 할 수 있었던 것들, 그리고 특히 2천 년도 더 전에 이들이 우리와 비슷한 사회 문제를 겪었다는 사실에 매료되었죠. 이러한 점은 그때 사춘기였던 저의 공허함을 달래주었습니다. 그러니 오늘은 여러분을 스토아학파의 세계관으로 모셔볼게요.

이런 효과가 있어요

- 더 많은 평정심을 가져다줍니다.
- 실망을 덜하게 됩니다.
- 성찰을 통해 더 현명하게 행동할 수 있습니다.
- 더 인간적이고 충만한 삶을 영위할 수 있습니다.

이렇게 하면 돼요

준비물
펜과 메모지

방법
고대 로마시대에 스토아철학은 불안정한 시대에 삶을 잘 살아가기 위한 하나의 지침이었습니다. 철학자 루키우스 안나이우스 세네카와 로마 제국의 황제 마르쿠스 아우렐리우스의 가르침이 여전히 회자되고 있는 것은 놀라운 일이 아닙니다. 삶의 철학을 정독하고, 자신에 대한 질문에 대답해보거나 대답을 키워드 형식으로 작성해 적용해보세요.

시작해보세요!
인간은 자신이 마주한 과제들을 피하는 대신 해결해야 한다는 것이 스토아철학의 기본 이념입니다. 생산적인 태도는 중요하고, 성취감을 주며, 안정감을 느끼기 위한 전제 조건입니다. 동시에 사람들은 현재에 집중해야 합니다. 과거는 지나간 일이고, 미래는 아직 오지 않았기에 이 순간만이 중요하기 때문이죠. 피하고 싶지만 오늘 여러분이 시작할 수 있는 것이 있나요? 그렇다면 오늘 저녁 여러분은 어떤 감정을 느끼게 될까요?

장애물은 하나의 과정입니다
장애물은 피해야 하는 존재가 아니라, 분명 극복 가능하고, 또 우리가 앞으로 더 전진하고 이를 통해 성장할 수 있도록 해줍니다. 지금 여러분이 장애물이라고 여기는 것은 무엇인가요? 장애물이 여러분에게 새로운 가르침을 주었나요?

여러분의 생각과 감정을 스스로 결정해보세요!
타인의 행동, 날씨, 과거는 우리가 바꿀 수 없는 것들입니다. 반면 이에 대한 생각과 감정, 대응 방법은 스스로 결정할 수 있죠. 여러분을 항상 화나게 하는 것이 무엇인가요? 여러분이 자신의 생각과 감정의 주인이라는 것을 인지한다면, 오늘 여러분은 어떻게 다르게 반응할 수 있을까요?

다른 이의 생각은 중요치 않아요
우리는 다른 사람보다 스스로를 더 소중히 여기려고 하면서도, 자신의 의견보다 타인의 의견에 더 신경을 씁니다. 자기 스스로를 만족시키는 데 집중하고, 다른 사람들도 만족했는지 여부는 걱정하지 마세요. 진정 나에게 중요한 것은 누구의 의견일까요? 어떤 의견을 무시하는 것이 나을까요?

이런 효능이 있어요
스토아주의자들의 생활방식에 대해 생각해보는 것은 우리의 태도를 성찰하고, 우리가 중시하는 가치를 검토하도록 해줍니다. 요즘 칠링이 유행이죠(Chilling, '느긋하게 휴식을 취하다'는 뜻으로 스토아주의의 초연한 태도, 평정심과 연결 짓고 있다*). 우리는 시각적인 것이 중요한 세계에서 광고와 외부 요인으로부터 엄청난 영향을 받으며 살고 있습니다. 인간보다는 시장경제의 이해관계에 초점을 두고 이에 따라 많은 것이 좌우되는 세계에서 말이죠. 이것이 우리가 진정 원하는 것인가요? 우리에게 중요한 것은 무엇일까요?

+++++++++ 이를 통해 오늘 평소와는 조금 다르게 행동하고, 느끼고, 평정심을 가져보세요 +++++++++++++

[운동] 걸음 수 채우기
일상 속에서 실천 가능한 지구력 훈련하기

간단 요약: 전문가들은 하루 30분의 운동을 권장하고 있는데요, 여기에는 다양한 이유가 있습니다. 운동은 수많은 질병을 예방하는 데 도움이 되고 더욱이 수명을 연장해주기도 합니다. 그렇다면 어떻게 운동을 일상에 더 많이 접목할 수 있을까요? 이번 팁은 통화를 하면서도 많이 걸을 수 있다는 것입니다. 오늘은 전화 통화를 적어도 1통 이상 하면서 걸어보세요.

호주는 토지 가격이 저렴하고 난방을 많이 할 필요가 없기 때문에 독일과는 달리 낮은 층의 집들이 넓은 평수로 지어집니다. 그래서 호주에서 청소를 할 때면 저는 한참을 왔다 갔다 움직여야 했어요. 그런 다음에도 여전히 동물을 돌보는 일이 남아 있었죠. 마구간과 닭장은 집의 반대편에 있었는데, 300m는 족히 떨어져 있었어요. 쓰레기통을 밖에 내놓으려면 가까운 슈퍼에 가는 거리만큼을 걸어야 했죠. 저는 호기심에 휴대폰 앱으로 걸음을 측정하기 시작했고, 결과는 놀라웠습니다. 하루에 만보는 거뜬히 걸었거든요. 아이들을 학교에 데려다주는 날에는 종종 1만5천 보가 넘기도 했고, 기분도 좋았어요. 무릎 통증은 사라졌고, 허리 상태도 최고였어요. 건강할 수밖에 없었습니다. 그런데 독일로 돌아오자마자 걸음 수가 고작 5천 보로 줄어들었어요. 제가 다시 걸음 수를 늘릴 때 도움을 받은 방법을 알려드리려고 해요. 여러분이 얼마나 움직이는지 확인할 수 있도록 휴대폰에 무료 앱을 설치한 다음, 책상이나 소파에 앉아서 하지 않아도 되는 통화가 있는지 곰곰이 생각해보세요. 그다음에는 바로 걷기 시작하면 된답니다. 같이 따라서 걷는 상대방도 있을 거예요.

이런 효과가 있어요

- 기대 수명이 증가합니다.
- 심장, 혈액순환, 호르몬 균형에 좋습니다.
- 상승된 혈압을 낮춰줍니다.
- 에너지 소비량이 증가합니다.
- 체력과 지구력이 단련됩니다.

이렇게 하면 돼요

● 손목에 착용한 만보기가 따로 없다면, 오늘 휴대폰에 무료 앱을 설치하고 일일 걸음 수를 관찰해보세요. 좋은 무료 앱을 알려드릴게요.

무료 만보기: 걸음 측정기 및 칼로리 카운터는 여러분의 걸음을 GPS가 아닌 내장 센서로 추적하기 때문에 실용적입니다. 배터리가 절약되거든요! 게다가 소모된 칼로리, 보행 거리 및 시간도 함께 측정됩니다.

StepsApp 만보기는 휴대폰으로 복잡하지 않게 걸음 수를 측정해줍니다. 1일 목표를 직접 설정하고 앱을 열면 설정 목표를 얼마나 달성했는지 확인할 수 있습니다. 피에조 기술을 이용한 만보기는 신뢰할 수 있어요. 이 기술은 모든 움직임을 3차원으로 측정해 자전거 타기나 수영하기와 같은 하루 동안의 모든 활동을 기록합니다.

● 그런 다음 오늘 책상에 앉아서 할 필요가 없고, 메모를 하지 않아도 되는 통화 상대를 생각해보세요. 엄마, 제일 친한 친구와 하는 일상적인 전화 통화는 밖에서 해보세요. 통화 상대도 함께 걷게 될지도 몰라요.

● 여러분이 곧장 만보를 채우지 못한다고 하더라도 낙담하지 마세요. 여러분에게 제일 잘 맞는 1일 걸음 수를 찾을 때까지 매주 새로운 목표를 설정해보세요.

이런 효능이 있어요

운동이 만병통치약이라는 것은 자명한 사실입니다. 운동은 뇌는 물론 모든 장기를 보호하고, 신진대사 및 혈액순환을 촉진하고, 면역 체계를 강화하며, 호르몬 균형에 좋은 영향을 미칩니다. 운동을 통해 당뇨에서 벗어나거나 약물 복용을 줄이는 것도 가능하답니다. 걷기는 칼로리 소모에도 좋은데요, 5백 보를 걸으면 벌써 각설탕 하나 분량의 칼로리를 소모하게 됩니다. 📖 건강한 성인들의 경우에는 운동이 수명을 연장시킨다는 연구 결과도 있습니다. 또한 몸에 땀이 날 정도로 강도 높은 운동을 하면, 효과가 더 좋다는 것도 밝혀졌습니다. 스포츠과학계는 최근 몇 년간 산책하기, 정원 가꾸기나 창문 청소하기와 같은 유연하고 체계적이지 않은 일상 속 활동의 중요성을 연구하고 있는데, 특히 노년층의 경우 긍정적인 결과가 나타났습니다.

이렇듯 걷거나 집안일과 같은 저강도 운동은 에너지 소비량을 높여주고, 몸을 튼튼하게 해주며, 건강상의 위험을 낮춰줍니다. 2019년 일본의 한 연구에 의하면 만 70세 이상의 여성들도 4천4백에서 7천5백 보 정도를 걷는 것으로 나타났습니다. 더 많이 걷는다고 해서 사망률이 계속해서 감소되지는 않았습니다. 📖 우리 모두에게 적용되는 사실은 한 걸음 한 걸음이 중요하고, 걷는 것이 건강을 비롯한 삶의 질을 개선한다는 것입니다.

[나와 당신] 알람을 이용한 둘만의 대화법

사랑을 위한 대화 나누기

간단 요약: 오늘 여러분은 연인과 진실되고 서로를 존중해주는 대화를 지속하는 데 도움이 되는 기술을 배울 거예요. 솔직히 말씀드리면 시간이 많이 소요되므로 자신의 반쪽과 대화하기 편한 시간, 예컨대 저녁 시간에 해보세요. 오늘의 7분은 저녁 약속을 잡고, 장소를 선정하고, 규칙을 배우는 데 활용해보세요. 놀라운 경험을 하게 되실 거예요.

저희 부부의 둘만의 대화는 초기에는 그야말로 도전이나 마찬가지였어요. 무슨 문제가 있을 때에만 이 대화가 열렸거든요. 제가 콧김을 씩씩 내뱉고 있는 것이 느껴지고, 또 무슨 말을 꺼내야 할지 모르겠다 싶을 때면, 저는 둘만의 대화를 소집했어요. 남편은 당연히 회피하려고 했지만, 피하는 것은 전혀 도움이 되지 않았습니다. 대화 시간을 지키려고 알람시계를 맞추면, 벌써 뭔가 경직된 느낌이었죠. 그런데 이상한 일이 일어났어요. 각자가 자신이 실제로 하고 싶었던 말을 하기 위해 침착하게 충분한 시간을 갖고, 상대방이 마침내 경청해주자 갑자기 팽팽하던 긴장이 이해와 때로는 상호 간의 칭찬으로도 바뀌었습니다.

여러분도 시도해보세요. 처음에는 어렵겠지만, 믿기 어려울 정도로 효과가 좋답니다.

이런 효과가 있어요

- 문제나 분쟁을 논의하고 해결할 수 있습니다.
- 연인과 나 자신에 대한 이해심이 생깁니다.
- 연인을 다시 새롭게 대하게 됩니다.
- 자신의 감정을 잘 이해하게 됩니다.

이렇게 하면 돼요

준비물

- 알람시계 또는 타이머 기능이 있는 시계
- 탁자 1개와 의자 2개
- 오늘 여러분이 방해받지 않고 대화할 수 있는 장소에서 연인과의 약속을 잡으세요. 마주 보고 앉을 탁자가 하나 필요합니다.
- 약속이 무산될 경우를 대비해 다른 날에도 약속을 잡아두세요.
- 가능하면 이야기할 주제를 선정해보세요. 그렇지만 의무는 아니에요.
- 규칙을 익히고 둘만의 대화가 시작되기 전이 규칙을 낭독해주세요.

규칙

- 여러분은 지정된 시간 동안 번갈아가며 이야기를 합니다. 그래서 알람시계가 필요한 것이죠. 저는 각 15분씩이 좋다고 생각하지만 10분도 충분합니다.
- 알람이 울리면 이제 상대방이 10~15분간의 발언 기회를 가집니다. 이런 방식으로 3번을 번갈아가며 말하는 것이 가장 좋지만, 2번도 충분합니다.
- 말하는 사람은 본인의 관점에서 말하고 비난을 하지 않습니다. 즉, "나는 그 일을 이렇게 저렇게 생각했어"라고 말을 하되 "당신은 그때 전혀 도와주지 않았잖아"와 같은 말은 하지 않습니다.
- 듣는 사람은 경청만 하고, 끼어들지도 않습니다.
- 상대방이 말한 것에 대해 언급할 필요는 없지만, 해도 괜찮습니다.

이런 효능이 있어요

둘만의 대화를 한 부부는 더 이상 부부 상담이 필요 없다고 말합니다. 이 대화법은 1980년대 말 독일의 심리분석학자인 미하엘 루카스 모엘러가 개발한 것인데요, 📖 대화에서 부부는 5가지의 커다란 진실을 배웁니다.

진실 1: '나는 당신이 아닙니다' — 여러분은 스스로 생각하는 것보다 아는 것이 많지 않으며, 둘 중에 더 나은 사람도 아닙니다.

진실 2: '우리는 하나의 관계 속에 있는 2개의 얼굴입니다' — 문제 상황에서도 2명의 개인이 아니라 오랫동안 잠재의식 차원에서 함께 협력해온 부부로서 이해하는 법을 배웁니다.

진실 3: '서로 대화를 나누는 점이 우리를 인간으로 만듭니다' — 여러분은 자기 자신을 변화시킬 수 있지만 타인을 변화시키지는 못합니다. 여러분은 관계를 더 개선할 수 있습니다. 자기 스스로와의 관계도 포함해 말이죠.

진실 4: '우리는 서로 사건 장면에 대해 설명합니다' — "나는 당신이 대단하다고 생각해요"라는 말 대신에 구체적인 사건 장면을 이용해 왜 상대를 좋게 여기는지 정확히 서술하는 법을 배웁니다.

진실 5: '내 감정에 대한 책임은 나 스스로에게 있습니다' — 여러분은 자신의 감정을 외부에 의한 것이 아닌 자신의 무의식적인 행동으로서 이해하는 법을 배웁니다.

이 대화법은 요즘 그 어느 때보다 더 필요해 보입니다. 부부들의 하루 평균 대화 시간이 고작 몇 분이 채 안 되기 때문이죠.

[뷰티] 내면 가꾸기

내면의 아름다움을 위해 그림 그리기

간단 요약: 그림 그리고 색칠하면서 긴장 완화하기. 이 2가지는 아주 효과가 좋은 조합이고 창의력의 호수에 풍덩 빠져볼 수 있는 아주 특별한 활동입니다! 특정한 목적이나 의도 없이 종이 위에 선, 패턴, 원들을 스케치하거나 이미 그려진 패턴에 색을 입히면 된답니다. 오른쪽에 간단한 만다라 문양이 보이실 거예요. 이제 7분 동안 색연필 몇 자루를 손에 들고 시작해 보세요.

저는 예술 없이는 살고 싶지 않아요. 예술은 저의 감정을 깊이 자극하는 존재죠. 어떤 그림은 섬뜩하고, 또 어떤 그림은 무섭고, 어떤 그림은 전혀 이해할 수 없고, 어떤 그림은 깊이 고민하도록 만들고, 어떤 그림은 저를 행복하게까지 만들어줍니다. 그림이 없는 집은 상상할 수가 없어요. 가족 중에 예술가가 있는데도 저는 그림을 전혀 그릴 줄 모르고, 막대조차 제대로 그리지 못합니다. 제 아이들은 그림을 그리

고, 도자기를 빚고, 스케치도 많이 해요. 아이들은 어렸을 때 양손으로 이런 활동들을 과감하게 했었죠. 여러분도 오늘 한번 해보세요. 긴장이 완화되고 더욱이 재미있기까지 하니까요. 아무 생각 없이 할 수 있는 이런 일을 할 때에는 오히려 머릿속의 중요한 생각들이 밖으로 흘러나옵니다. 백지나 만다라(163쪽 그림)를 준비하고 차분하게 양손으로 그림을 그린 다음 좋아하는 색을 칠해보세요. 딱 7분 동안 하시면 됩니다. 아마 더 오래 하고 싶어질지도 몰라요.

이런 효과가 있어요

- 충분히 긴장을 완화하고 스트레스를 해소합니다.
- 마음이 차분해지고 자신의 직관을 믿게 됩니다.
- 잠재된 창의성을 재발견하게 됩니다.
- 걱정과 상념을 내려놓을 수 있습니다.
- 생각을 정리할 수 있습니다.

이렇게 하면 돼요

준비물

- 도안이나 백지 1장
- 색연필

방법

많은 사람들은 자신의 창의력을 믿지 않습니다. 하지만 우리는 모두 어릴 때부터 무언가 새로운 것을 만들어내는 잠재력을 갖고 있답니다. 창의적인 순간은 종종 직관적이며, 즉각적인 목표를 염두에 두지 않았을 때 현재의 감정 상태에서 자연스럽게 발생합니다. 창의력이라고 하면 사람들은 음악 작곡하기, 그림 그리기나 클레이 만들기를 떠올릴 텐데요, 만다라(본래 불교와 힌두교에서 종교적 또는 마법적 의미를 지닌 기하학적 그림) 색칠하기 또한 그려진 도안 안에서 자유롭게 창의력을 펼칠 수 있습니다. 테두리에 경계선이 있어 쉽게 시작할 수 있어요. 그림을 어떻게 나눌지 고민할 필요가 없고, 그려진 구조 내에서 작업하면 되기 때문에 창의적인 활동이 훨씬 쉬워집니다. 따로 설명을 들을 필요가 없는 익숙한 작업을 하고 있다고 느끼게 되죠. 오른손으로 한번, 왼손으로 한번, 도안에 색칠해보거나 양손을 동시에 사용해 백지 위에 마음껏 그림을 그려보세요. 그림을 그리는 동안 집중하세요. 작업 중에는 오로지 나 자신과 그때 떠오르는 생각에만 몰두합니다. 만다라가 언제 완성되는지는 여러분에게 달려 있습니다.

이런 효능이 있어요

만다라 색칠하기나 자유롭게 그림 그리기의 목적은 마음의 안정을 취하는 것, 혹은 자신의 중심으로 돌아오는 것입니다. 이 활동은 상시 접속 상태(always-on)와 자극 과잉에서 벗어나 우리에게 휴식을 선사합니다. 이러한 종류의 활동을 하면 스트레스 지수가 낮아진다는 것이 다수의 연구를 통해 증명되었습니다. 📖

모든 창조 활동 과정에서는 우리 대뇌의 좌우반구가 중요한 역할을 합니다. 뇌의 좌반구는 사고 기능을 담당하고, 우반구에는 정신, 감정, 공감 능력 관련 기능이 자리하고 있습니다. 만다라나 젠탱글(점, 선, 곡선, 원을 조합해 구조화된 패턴을 그리는 그림*)로 하는 창의적인 작업은 좌반구와 우반구에 동일하게 영향을 미치고, 또 서로 조화롭게 발달하도록 도와줍니다. 우리는 차분해지고 마음에 안정을 찾게 되며, 사고와 행동은 더 분명해집니다. 가벼운 놀이와 같은 활동을 통해 사람들은 창의성의 새로운 문을 열게 되죠. 그림 그리기는 마음을 열어주고, 자신의 창의성과 순간순간의 의식적인 경험에 접근하게 해줍니다.

닻 내리는 날

일곱 번째 주가 끝났습니다. 그동안 7개의 분야별로 팁을 하나씩 실천해보았는데요, 마음에 들었거나 그저 그랬거나 별로였던 팁이 있으신가요? 스마일 표시를 통해 점수를 매겨보세요.

Tip 1 　　**건강: 피로한 눈에 좋은 운동 하기**
　　　　　시력 강화(150쪽)　　　　　　

Tip 2 　　**심신의학: 나무 아래에서 깊은 휴식 취하기**
　　　　　숲으로 가자!(152쪽)　　　　　

Tip 3 　　**영양: 간헐적 단식**
　　　　　건강한 단식 계획하기(154쪽)　　

Tip 4 　　**자아 성찰: 스토아적 삶의 태도**
　　　　　평정심 훈련하기(156쪽)　　　　

Tip 5 　　**운동: 걸음 수 채우기**
　　　　　일상 속에서 실천 가능한 지구력 훈련하기(158쪽)　

Tip 6 　　**나와 당신: 알람을 이용한 둘만의 대화법**
　　　　　사랑을 위한 대화 나누기(160쪽)　

Tip 7 　　**뷰티: 내면 가꾸기**
　　　　　내면의 아름다움을 위해 그림 그리기(162쪽)　

지난 6주를 다시 한 번 돌아보세요. 첫 번째 주(17쪽), 두 번째 주(39쪽), 세 번째 주(61쪽), 네 번째, 다섯 번째, 여섯 번째 주(83쪽, 105쪽, 127쪽). 어떤 팁들이 특별하게 느껴지는지 여기에 적어보세요. 계속하고 싶은 팁은 어떤 것인가요? 중간 정도로 마음에 들어서 다시 한 번 기회를 주고 싶은 팁은 무엇인가요?

리뷰

어떤 팁들이 마음에 들었고 별로였는지 이곳에 기록하고 이번 주에 경험한 것을
메모해보세요.

가장 마음에 든 팁과 그 이유:

. . . .

. . . .

. . . .

. . . .

. . . .

. . . .

. . . .

다음 주에 다시 해볼 팁:
(날짜와 시간도 미리 적어보세요)

. . . .

. . . .

. . . .

. . . .

. . . .

. . . .

. . . .

언젠가 다시 해보고 싶은 팁:

. . . .

. . . .

. . . .

. . . .

. . . .

. . . .

. . . .

. . . .

. . . .

별로였던 팁과 그 이유:

. . . .

. . . .

. . . .

. . . .

. . . .

. . . .

. . . .

. . . .

. . . .

이미 정기적으로 하고 있는 팁:

. . . .

. . . .

. . . .

. . . .

의견:

. . . .

. . . .

. . . .

. . . .

. . . .

심신 의학을 위한 추가 팁
: 맨발 걷기

여러분은 일상 속 어디에서나 선(禪)을 수행할 수 있습니다. 예를 들어 자동차를 운전하거나 사무실에서 일을 하거나 버스를 기다리면서 말이죠. 특히 긴장될 때, 틈틈이 맨발로 걸어주는 것이 때로는 중요합니다. 이때 발과 발바닥 아래의 바닥을 느끼는 데 집중하세요. 숨을 내쉴 때마다 체중을 발 앞부분으로 옮기고 자연스럽게 걸어보세요. 이렇게 다시 땅의 기운을 받으실 수 있어요.

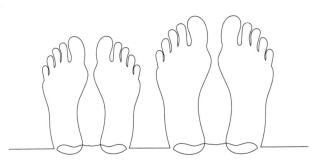

맺음말
좋지 않은 행동을 의미 있는 습관으로

우와, 여러분 해내셨군요. 7주 동안 모든 팁들을 해보았고, 배웠던 팁들을 위한 닻을 내리는 날까지 다 마치셨어요. 여러분이 실제로 실천해본 팁들을 떠올리며 진심으로 뿌듯해하셔도 된답니다! 그중에 여러분의 삶을 바꾸게 될 팁들이 있기를 바랍니다. 저는 삶의 모든 분야에 있어서 종종 1~2가지만 바꾸면 일상이 더 편해지고, 달라지고, 기분도 달라질 수 있다고 생각해요. 작은 습관들 여러 가지를 바꾸는 것이 때로는 단번에 큰 무언가를 바꾸는 것보다 효과가 좋답니다. 이런 큰 변화는 에너지를 많이 투자해야 하고, 실패하기도 쉽죠. 그럼 용기도 잃게 되고요.

요즘에는 이런 작은 습관들을 위한 용어도 생겼습니다. 'tiny habits(작은 습관)'라고 부르죠. 이 용어는 사회학자이자 《뉴욕타임스》 베스트셀러 저자인 브라이언 제프리 포그가 처음 사용했습니다. 스탠퍼드대학교 행동설계연구소장인 포그는 행동 변화 분야의 권위자입니다. 작은 습관은 사소해 보이지만 모든 걸 바꿀 수 있는 힘이 있습니다.

살다가 다시 한 번 새해에는 단번에 5kg을 감량하고, 운동도 더 하고, 미루어왔던 옷장 정리도 하고, 일찍 잠자리에 들겠다는 결심을 하는 날이 오면 다시 이 책을 집어 드세요.

보다 건강한 행동에 익숙해질 수 있듯 좋지 않은 행동에도 익숙해질 수 있기 때문입니다. 이를 막기 위한 최고의 방법은 좋지 않은 행동을 의미 있는 습관으로 바꾸는 것이죠. 물론 새로운 작은 행동들을 일상적인 루틴으로 발전시킬 수 있을 때까지는 다소의 인내심이 필요합니다.

스스로를 너무 다그치지 마세요! 작은 단계를 통해 차근차근 목표를 향해 나아가는 것이 훨씬 더 합리적인 방법이에요. 여러분이 좋아했던 팁, 여러분이 스마일로 좋은 점수를 매겼던 팁들을 계속 반복하고, 이 팁들이 일상에 닻을 내릴 수 있도록 하세요. 아니면 좋은지 아직 확실하지 않았던 팁들을 다시 한 번 해보셔도 돼요.

왜냐하면 그러한 모든 과정 자체가 목표이기 때문이에요. 우리가 사는 현대의 환경은 엄청난 노력을 기울여 만들어낸 광고들의 유혹으로 가득차 있습니다. 건강에 해로운 음식을 광고하고, 덜 움직이라고 유혹하며, 과도한 요구와 스트레스가 사회 전반에 깔려 있고, 휴식, 성찰, 스스로를 위한 시간은 적죠.

그렇기 때문에 우리 모두는 의식적으로 우리 자신을 돌봐야 합니다. 이것을 벌이라고 생각하지 마시고 우리를 더 나은, 더 건강한, 더 행복한, 더 신중한, 더 사회적인 사람으로 만드는 호사라고 생각하세요. 이제 중요한 것은 이것을 유지하는 것입니다. 이 책을 여러분의 침대 옆 탁자에 두고 매주 여러분이 좋아했던 팁을 찾아보세요. 특별한 목욕법, 매일 마실 수 있는 혈관을 위한 음료 등을 치료라고 생각하고 몇 달에 1번씩 다시 해보고, 이런저런 운동들, 마음 챙김을 위한 팁들도 지속적으로 해보세요. 새로운 습관들을 더 이상 깊게 생각하지 않아도 자연스럽게 할 수 있는 시점만 지나게 되면 여러분은 자동적으로 더 많은 에너지와 삶의 기쁨, 행복감, 편안한 휴식이라는 보상을 받게 되실 거예요.

그럼 행운을 빌어요!
여러분의 프란치스카 루빈

더 알아보기

대부분의 팁들 뒤에 숨어 있는 학술적 근거가 궁금하시다면 여기서 찾아보실 수 있어요. 연구가 없는 항목들에 대해서는 추가적으로 더 읽어보실 수 있는 추천 자료들을 적어두었습니다.

건강

맨발로 걷기

- Hollander, K., de Villiers, J.E. et al.: Growing-up (habitually) barefoot influences the development of foot and arch morphology in children and adolescents. Sci Rep 7, 8079 (2017). https://doi.org/10.1038/s41598-017-07868-4 Hollander, Karsten et al.: The effects of being habitually barefoot on foot mechanics and motor performance in children and adolescents aged 6-18 years: study protocol for a multicenter cross-sectional study (Barefoot LIFE project)
- J Foot Ankle Res. 2016; 9(1): 36. doi: 10.1186/s13047-016-0166-1

그냥 끄세요

- Aktuelle Studien uber das EMF-Portal der RWTH-Aachen
- Toledano, MB et a.: Electric field and air ion exposures near high voltage overhead power lines and adult cancers: a case control study across England and Wales. Int J Epidemiol 2020; 49 Suppl 1: i57-i66
- The INTERPHONE Study Group: Brain tumour risk in relation to mobile telephone use: results of the INTERPHONE international case-control study
- International Journal of Epidemiology, Volume 39, Issue 3, June 2010, Pages 675-694, https://doi.org/10.1093/ije/dyq079
- Frei Patrizia et al.: Use of mobile phones and risk of brain tumours: update of Danish cohort study. BMJ 2011; 343 doi: https://doi.org/10.1136/bmj.d6387
- Benson VS et al.: Mobile phone use and risk of brain neoplasms and other cancers: prospective study; for the Million Women Study Collaborators. Int J Epidemiol 2013;42:792-802

간을 위한 응급 처치

- Simoes-Wust, A. et al.: Wie Patienten Wickelanwendungen (ein)schatzen: Ergebnisse einer Umfrage in einem anthroposophischen Akutspital. Der Merkurstab 2014;67(2):92-97. Artikel-ID: DMS-20286-DE
- Weisser, Sven: Effekte von Leberwickeln auf die exkretorische Leberfunktion - eine randomisierte Cross-over-Studie bei Gesunden. Dissertation Albert-Ludwigs-Universitat, Freiburg im Breisgau, 2006
- Fingado M.: Therapeutische Wickel und Kompressen. Handbuch aus der Ita-Wegman-Klinik. 6. Aufl. Dornach: Natura Verlag im Verlag am Goetheanum, 2019
- Uhlemayr U., Wolz D.: Wickel und Auflagen: Beratung, Auswahl und Anwendung. Stuttgart: Deutscher Apotheker Verlag, 2015

혈압을 낮추는 베르디와 베토벤

- Trappe H., Voit G.: Einfluss unterschiedlicher Musikstile auf das Herz-Kreislauf-System. Eine randomisierte kontrollierte Studie zur Wirkung von Musikstucken von W. A. Mozart, J. Strauss und ABBA. Dtsch Arztebl Int 2016; 113: 347-52; DOI: 10.3238/arztebl.2016.0347
- Gruhlke LC, Patricio MC, Moreira DM (2015) Mozart, but not the Beatles, reduces systolic blood pressure in patients with myocardial infarction. Acta Cardiol. 2015 Dec;70(6):703-6. doi: 10.2143/AC.70.6.3120183
- Hole J, Hirsch M, Ball E, Meads C (2015) Music as an aid for postoperative recovery in adults: a systematic review and meta-analysis. Lancet 2015 Oct 24;386(10004):1659-71. doi: 10.1016/S0140-6736(15)60169-6. Epub 2015 Aug 12.

- Kemper K.J., Danhauer S.C.: Music as a therapy. South Med J. 2005 Mar;98(3):282-8. DOI:10.1097/01.SMJ.0000154773.11986.39
- Sleight, P.: Cardiovascular effects of music by entraining cardiovascular autonomic rhythms music therapy update: tailored to each person, or does one size fit all? Neth Heart J. 2013 Feb;21(2):99-100. doi: 10.1007/s12471-012-0359-6

오일 풀링

- Amith H. V., Ankola A. V., Nagesh L.: Effect of oil pulling on plaque and gingivitis. J Oral Health Commun Dent 2007; 1(1): 12-18
- Nagilla J., Kulkarni S., Madupu PR. Et al.: Comparative evaluation of antiplaque efficacy of coconut oil pulling and a placebo, among dental college students; J Clin Diagn Res 2017; 11(9): ZC08-ZC011
- Park S-Y. et al.: Improved oral hygiene care attenuates the cardiovascular risk of oral health disease: a population-based study from Korea. *European Heart Journal*, Volume 40, Issue 14, 07 April 2019, Pages 1138-1145

자연요법의 커피 한 잔

- Uhlemann, Ch. et al.: Prospektive, kontrollierte klinische Studie zum Einfluss serieller Kaltwasserreize (Kneippscher Oberguß) auf die Lungenfunktion, die Immunabwehr und die Befindlichkeit von Patienten mit chronisch obstruktiver Bronchitis (COPD) https://nbn-resolving.org/urn:nbn:de: gbv:27-dbt-005217-6; Friedrich-Schiller-Universitat, Jena
- Jacob, E.-M. et al.: Blutdrucksenkung durch Hydrotherapie: Eine randomisierte, kontrollierte Studie bei leichter bis mittelschwerer Hypertonie. Dio: 10.1055/s-0029-1202769 Phys Med Rehab Kuror 2009; 19: 162-168
- Stein Claudia: Prospektive, klinische Studie zum Einfluss serieller Kaltwasserreize (Kneippscher Oberguss) auf die Lungenfunktion, die Immunabwehr und das subjektive Wohlbefinden bei gesunden Probanden https://www.db-thueringen.de/servlets/MCRFileNodeServlet/dbt_derivate_00024778/Neuer%20Ordner/stein.pdf

- Verbesserung der Immunregulation durch Anwendung einer Serie vierwochigen Wassertretens nach Kneipp https://d-nb.info/969476213/34
- Schencking M, Wilm S. Kneipp-Therapie in der Begleitung geriatrisch-degenerativer Erkrankungen. Erfahrungsheilkunde 2012; 61: 271-278 https://www.researchgate.net/publication/262011809_UBERSICHTEN_RE_VIE_WS_Kneipp

피로한 눈에 좋은 운동 하기

- Williams, Katie et al.: Increasing Prevalence of Myopia in Europe and the Impact of Education Ophthalmology. 2015 Jul; 122(7): 1489-1497 doi: 10.1016/j.ophtha.2015.03.018
- Aleman, A., Wang, M. & Schaeffel, F. Reading and Myopia: Contrast Polarity Matters. Sci Rep 8, 10840 (2018). https://doi.org/10.1038/s41598-018-28904-x
- Der PC ebnet der Kurzsichtigkeit den Weg. 31.05.2005 www.aerztezeitung.de

심신의학

나무 아래에서 깊은 휴식 취하기

- https://www.fpi-publikation.de/images/stories/downloads/grueneTexte/qing-li-die-heilkraftdes-waldes-der-beitrag-der-waldmedizin-zurnaturtherapie-gruene-texte-16-2016.pdf)
- Health Council of the Netherlands and Dutch Advisory Council for Research on Spatial Planning, Nature and the Environment (2004): Nature and Health. The influence of nature on social, psychological and physical well-being. The Hague: Health Council of the Netherlands and RMNO, 2004; publication no. 2004/09E; RMNO publication nr A02ae
- Li, Q.; Kobayashi, M.; Wakayama, Y.; Inagaki, H.; Katsumata, M.; Hirata, Y. et al. (2009): Effect of phytoncide from trees on human natural killer cell function. International journal of immunopathology and pharmacology 22 (4), S. 951-959
- Morita, E. et al. (2007): Psychological effects of

forest environments on healthy adults: Shinrin-yoku (forest-air bathing, walking) as a possible method of stress reduction. Public health 121 (1), S. 54-63

숨을 내쉬며 화 내보내기

• Liza Varvogli et al.: Stress management techniques: evidence-based procedures that reduce stress and promote health. Health Sciene Journal, Volume 5, Issue 2, 2011 https://www.hsj.gr/medicine/stress-management-techniques-evidencebased-procedures-that-reduce-stress-and-promote-health.php?aid=3429

• Zelano C, Jiang H, Zhou G (2016) Journal of Neuroscience. *Nasal Respiration Entrains Human Limbic Oscillations and Modulates Cognitive Function.* [http://www.jneurosci.org/content/36/49/12448]

7분 파워 냅

• Rosekind et al.: NASA Study - Alertness Management: Strategic Naps in Operational Settings. European Sleep Research Society, J. Sleep Res., 4(2), pp.62-66. - (1995)

• Androniki, Naska et al.: Siesta in healthy Adults and Coronary Mortality in the General Population. Arch Intern Med. 2007;167(3): 296-301.doi:10.1001/archinte.167.3.296

조각배에 생각 띄우기

• TK-Schlafstudie 2017

• Deutsche Gesellschaft für Schlafforschung und Schlafmedizin (DGSM): S3Leitlinie Nicht erholsamer Schlaf/Schlafstörungen, Somnologie - Schlafforschung und Schlafmedizin 2009, Springer Verlag 2009

• Deutsche Gesellschaft für Schlafforschung und Schlafmedizin (DGSM): Patientenratgeber Schlafprobleme bei Schichtarbeit, 24.10.2011.

• Ding, Ding; Rogers, Kris; van der Ploeg, Hidde; Stamatakis, Emmanuel; Baumann, Adrian E.: Traditional and Emerging Lifestyle Risk Behaviors and AllCause Mortality in Middle-Aged and Older Adults: Evidence from a Large PopulationBased Australian Cohort, 8. Dezember 2015, in: PLOS. org. Web. journals.plos.org/plosmedicine/

article?id=10.1371/journal.pmed.1001917

• Osterkamp, Jan: Zu wenig Schlaf macht wirklich krank, in: spektrum.de, 31.8.2015. Web. Zuletzt abgerufen am 26.09.2017. www.spektrum.de/news/zu-wenig-schlafmacht-wirklich-krank/1363911

창의적인 휴식 시간

• Entspann dich, Deutschland - TK-Stressstudie 2016

• Wieth, M. et al.: Time of day effects on problem solving: When the non-optimal is optimal in Thinking and Reasoning 17(4):387-401 · November 2011 DOI: 10.1080/13546783.2011.625663

• Eyal Ophir et al.: Cognitive control in media multitaskers PNAS September 15, 2009 106 (37) 15583-15587; https://doi.org/10.1073/pnas.0903620106 Edited by Michael I. Posner, University of Oregon, Eugene, OR, and approved July 20, 2009

• Mark A. Wetherell et al.: Psychobiological responses to critically evaluated multitasking Neurobiol Stress. 2017 Dec; 7: 68-73. Published online 2017 May 10. doi: 10.1016/j.ynstr.2017.05.002

• Colom, R., Martinez-Molina, A., Shih, P., and Santacreu, J. (2010). Intelligence, working memory, and multitasking, Intelligence, 38, 543-551

나만의 노래 부르기

• Kreutz G.: Effects of choir singing or listening on secretory immunoglobulin A, cortisol, and emotional state

• J Behav Med. 2004 Dec;27(6):623-35. DOI:10.1007/s10865-004-0006-9

• Bjorn Vickhoff et al.: Music structure determines heart rate variability of singers

• Front. Psychol., 09 July 2013 | https://doi.org/10.3389/fpsyg.2013.00334

• Jing Kang, Austin Scholp et al.: A Review of the Physiological Effects and Mechanisms of Singing. Published: August 18, 2017DOI: https://doi.org/10.1016/j.jvoice.2017.07.008

• Eiluned Pearce et al.: The ice-breaker effect:

singing mediates fast social bonding https://doi.org/10.1098/rsos.150221

- Fancourt, Daisy et al.: Singing modulates mood, stress, cortisol, cytokine and neuropeptide activity in cancer patients and carers
- Ecancermedicalscience. 2016; 10: 631. https://doi.org/10.3332/ecancer.2016.631

명상을 하며 주의 깊게 움직이기

- University of California - Davis: Seven-year follow-up shows lasting cognitive gains from meditation. ScienceDaily, 5 April 2018 www.sciencedaily.com/releases/2018/04
- Anthony P. Zanesco, Brandon G. King, Katherine A. MacLean, Clifford D. Saron. Cognitive Aging and Long-Term Maintenance of Attentional Improvements Following Meditation Training. *Journal of Cognitive Enhancement*, 2018; DOI: 10.1007/s41465-018-0068-1
- Buric, I. et al.: What Is the Molecular Signature of Mind-Body Interventions? A Systematic Review of Gene Expression Changes Induced by Meditation and Related Practices. Front. Immunol., 16 June 2017 | https://doi.org/10.3389/fimmu.2017.00670
- Sedlmeier P1, Eberth J et al.: The psychological effects of meditation: a meta-analysis. Psychol Bull. 2012 Nov;138(6):1139-71. doi: 10.1037/a0028168. Epub 2012 May 14
- Goyal, M. et al.: Meditation programs for psychological stress and well-being: a systematic review and meta-analysis. JAMA Intern Med. 2014 Mar;174(3):357-68. doi: 10.1001/jamainternmed.2013.13018

영양

혈관 침전물을 막는 레몬·마늘 주스

- Aslani N et al, Effect of Garlic and Lemon Juice Mixture on Lipid Profile and Some Cardiovascular Risk Factors in People 30-60 Years Old with Moderate Hyperlipidaemia: A Randomized Clinical Trial, International Journal of Preventive Medicine, 2016; 7: 95
- Matsumoto S et al, Aged Garlic Extract Reduces

Low Attenuation Plaque in Coronary Arteries of Patients with Metabolic Syndrome in a Prospective Randomized Double-Blind Study., The Journal of Nutrition, 2016 Feb;146(2):427S-432S

- Budoff M, Aged garlic extract retards progression of coronary artery calcification, The Journal of Nutrition, 2006 Mar;136(3 Suppl): 741S-744S; J Nutr. 2016 Feb;146(2):416S-421S. doi: 10.3945/jn.114.202333. Epub 2016 Jan 13. Garlic and Heart Disease. Varshney R1, Budoff MJ2.

황금 우유

- Kanai M et al.: Dose-escalation and pharmacokinetic study of nanoparticle curcumin, a potential anticancer agent with improved bioavailability, in healthy human volunteers.
- Yuan HY et al.: Curcumin inhibits cellular cholesterol accumulation by regulating SREBP-1/caveolin-1 signaling pathway in vascular smooth muscle cells. Acta Pharmacol Sin. 2008 May;29(5):555-63. doi: 10.1111/j.1745-7254.2008.00783.x.
- https://www.uniklinik-freiburg.de/fileadmin/mediapool/08_institute/rechtsmedizin/pdf/Addenda/2016/Kurkuma_-_Wissenschaftliche_Zusammenfassung_2015.pdf

눈 깜짝할 사이에 굽는 빵

- Carle R. et al.: Wheat and the irritable bowel syndrome - FODMAP levels of modern and ancient species and their retention during bread making, Journal of Functional Foods, Volume 25, August 2016, Pages 257-266
- Werz O. et al. Human macrophages differentially produce specific resolvin or leukotriene signals that depend on bacterial pathogenicity. Nature Communications 9 (2018) doi:10.1038/s41467-017-02538-5, https://www.nature.com/articles/s41467-017-02538-5

간헐적 단식

- Bauersfeld SP, Kessler CS, Wischnewsky M, et al.: The effects of short-term fasting on quality of life and tolerance to chemotherapy in patients with breast and ovarian cancer: a randomized cross-over pilot study. BMC Cancer 2018; 18 (1): 476

CrossRef MEDLINE PubMed Central

- Kahleova H, Belinova L, Malinska H, et al.: Eating two larger meals a day (breakfast and lunch) is more effective than six smaller meals in a reduced-energy regimen for patients with type 2 diabetes: a randomised crossover study Diabetologia 2014; 57 (8): 1552-60 CrossRef MEDLINE PubMed Central
- Stekovic, Slaven et al.: Alternate Day Fasting Improves Physiological and Molecular Markers of Aging in Healthy, non-obese Humans. *Cell Metabolism* (2019; doi: 10.1016/j.cmet.2019.07.016)

젊음이 샘솟는 뮤즐리

- Eisenberg, T. et al.: Cardioprotection and lifespan extension by the natural polyamine spermidine. Nature Medicine, volume 22, pages 1428-1438(2016)
- Stefan Kiechl, et al.: Higher spermidine intake is linked to lower mortality: a prospective population-based study. The American Journal of Clinical Nutrition, Volume 108, Issue 2, August 2018, Pages 371-380, https://doi.org/10.1093/ajcn/nqy102

천천히 먹기

- Hurst Y, Fukuda H. Effects of changes in eating speed on obesity in patients with diabetes: a secondary analysis of longitudinal health check-up data. BMJ Open 2018;8:e019589. doi:10.1136/bmjopen-2017-019589
- Andrade AM et al.: Eating slowly led to decreases in energy intake within meals in healthy women. J Am Diet Assoc 2008; 108: 1186-1191

즐길 요소가 가득한 채식

- Marco Springmann et al.: Analysis and valuation of the health and climate change cobenefits of dietary change. PNAS April 12, 2016 113 (15) 4146-4151; first published March 21, 2016 https://doi.org/10.1073/pnas.1523119113
- Monica Dinu, Rosanna Abbate, Gian Franco Gensini: Vegetarian, vegan diets and multiple health outcomes: A systematic review with meta-analysis of observational studies Pages 3640-3649

| 13 Jun 2017 https://doi.org/10.1080/10408398.2016.1138447
- Fraser GE, Miles FL et al., Plasma, Urine, and Adipose Tissue Biomarkers of Dietary Intake Differ Between Vegetarian and Non-Vegetarian Diet Groups in the Adventist Health Study-2, The Journal of Nutrition, 15. Februar 2019 *The Journal of Nutrition*, Volume 149, Issue 4, April 2019, Pages 667-675, https://doi.org/10.1093/jn/nxy292
- Walter Willett et al.: Food in the Anthropocene: the EAT-Lancet Commission on healthy diets from sustainable food systems. The Lancet, Published: January 16, 2019 DOI: https://doi.org/10.1016/S0140-6736(18)31788-4

자아 성찰

모든 것을 비우세요!

- Catherine A. Roster et al.: The dark side of home: Assessing possession 'clutter' on subjective well-being. https://doi.org/10.1016/j.jenvp.2016.03.003
- Lenny R. Vartanian, Kristin M. Kernan, Brian Wansink: Clutter, Chaos, and Overconsumption: The Role of Mind-Set in Stressful and Chaotic Food Environments https://doi.org/10.1177/0013916516628178
- Kathleen D. Vohs et al.: Physical Order Produces Healthy Choices, Generosity, and Conventionality, Whereas Disorder Produces Creativity https://doi.org/10.1177/0956797613480186
- James E. Cutting et al.: Facial expression, size, and clutter: Inferences from movie structure to emotion judgments and back. Atten Percept Psychophys. 2016; 78: 891-901 doi: 10.3758/s13414-015-1003-5
- Kondo, Marie: Das große Magic Cleaning-Buch. Rowohlt

나에게 중요한 가치 찾기

- www.tns-infratest.com und
- www.werteindex.de. 2018
- www.gerald-huether.de

현명한 결정 내리기

- Evan Polman (2012). Self-other decision making and loss aversion. In: *Organizational Behavior and Human Decision Processes*, Band 119, Seite 141-150.

저는 잘 지내요, 감사합니다!

- Emmons, R. A. et al.: Why gratitude enhances well-being: What we know, what we need to know. In Sheldon, K., Kashdan, T., & Steger, M.F. (Eds.) Designing the future of positive psychology: Taking stock and moving forward. New York: Oxford University Press 2012
- Paul J. Mills et al.: The Role of Gratitude in Spiritual Well-Being in Asymptomatic Heart Failure Patients. Spirituality in Clinical Practice © 2015 American Psychological Association 2015, Vol. 2, No. 1,5-17 2326-4500/15/ http://dx.doi.org/10.1037/scp0000050

지속 가능한 삶

- Nachhaltiges Leben 2020. Marken und Medien in der Pflicht www.nachhaltigesleben2020.de

스토아적 삶의 태도

- Seneca: Von der Seelenruhe
- Ders.: Vom glucklichen Leben
- Marc Aurel: Selbstbetrachtungen

기적의 질문

- De Shazer, Steve: Der Dreh: Uberraschende Wendungen und Losungen in der Kurzzeittherapie. Carl-Auer-Verlag, 2015
- Trepper, Terry et al.: Steve de Shazer and the future of solution-focused therapy. JMFT. 1. Mai 2007 https://doi.org/10.1111/j.1752-0606.2006.tb01595.x
- Shazer, Steve et al.: Brief Therapy: Focused Solution Development. Family Process. June 1086 https://doi.org/10.1111/j.1545-5300.1986.00207.x
- Wallace J. Gingerich, Lance T. Peterson: Effectiveness of Solution-Focused Brief Therapy. A Systematic Qualitative Review of Controlled Outcome Studies. Research on Social Work Practice May 2013 vol. 23 no. 3 266-283

운동

뱃살을 없애는 요가

- Cramer, Holger et al.: Yoga in women with abdominal obesity - a randomized controlled trial
- Dtsch Arztebl Int 2016; 113; 645-52; DIO: 10.3238/arztebl.2016.0645

근력을 기르는 미니멀 운동법

- Blair, S.N. et al.: How much physical activity is good fur health. Annu Rev Public Health. 1992;13:99-126.
- Gill, Diane L. et al.: Physical Activity and Quality of Life
- J Prev Med Public Health. 2013 Jan; 46(Suppl 1): S28-S34. doi: 10.3961/jpmph.2013.46.S.S28
- Warburton DE1, Nicol CW, Bredin SS.: Health benefits of physical activity: the evidence. CMAJ. 2006 Mar 14;174(6):801-9
- World Health Organization (WHO) (2010). Global recommendations on physical activity for health. Geneva, Switzerland: WHO

몸과 마음을 위한 로큰롤

- Rehfeld K. et al.: Dancing or Fitness Sport? The Effects of Two Training Programs on Hippocampal Plasticity and Balance Abilities in Healthy Seniors. Front Hum Neurosci. 2017 Jun 15;11:305. doi: 10.3389/fnhum.2017.00305. eCollection 2017.
- Pinniger R, Brown RF, Thorsteinsson EB, McKinley P. Argentine tango dance compared to mindfulness meditation and a waiting-list control: a randomised trial for treating depression. Complement Ther Med 2012; 20: 377-384
- Joe Verhese et al.: Leisure Activities and the Risk of Dementia in the Elderly. New England Journal of Medicine 2003, Vol. 348, Nr. 25, S. 2508-2516
- Quiroga Murcia, C., & Kreutz, G. (in press). Dance and Health: Exploring interactions and implications. In R. MacDonald, G. Kreutz, & L. Mitchell (Eds.). Music and health. New York: Oxford University Press. Buch
- Jan-Christoph Kattenstroth et al.: Six months of dance intervention enhances postural, sensorimotor, and cognitive performance in

elderly without affecting cardio-respiratory functions. Front. Aging Neurosci., 26 February 2013 | https://doi.org/10.3389/fnagi.2013.00005

허리 기공

• Wang X-Q et al.: Traditional Chinese exercise for cardiovascular diseases: systematic review and meta-analysis of randomized controlled trials. J Am Heart Assoc 2016; 5: e002562. Doi:10.1161/JAHA.115.002562

걸음 수 채우기

• I-Min Lee et al.: Association of Step Volume and Intensity With All-Cause Mortality in Older Women. JAMA Intern Med. 2019; 179(8):1105-1112. doi:10.1001/jamainternmed. 2019.0899
• Autenrieth, C. S., Baumert, J., Baumeister, S. E., Fischer, B., Peters, A., Doring, A., et al. (2011). Association between domains of physical activity and all-cause, cardiovascular and cancer mortality. European Journal of Epidemiology, 26, 91-99
• Gillen, J. B. et al.: Thress minutes of all-out intermittent exercise per week increases skeltal muscle oxidatice capacity and improves cardiometabolic health. PLoS One. 2014 Nov 3;9(11):e111489. doi: 10.1371/journal. pone.0111489

돌리고 스트레칭하기

• Tesarz J. et al.: Die Fascia thoracolumbalis als potentielle Ursache fur Ruckenschmerzen. Manuelle Medizin 2008; 46: 259 Rolfing
• Schleip R et al.: Letter to the Editor concerning 'A hypothesis of chronic back pain: ligament subfailure injuries lead to muscle control dysfunction' (M. Panjabi). European Spine Journal 2007; 16: 1733-1735
• Beardsley, Skarabot 2015: *Effects of self-myofascial release: A systematic review (= hohes Evidenz-Niveau), International Journal of Sports and Physio Therapy 2015 Apr; 10(2): 203-212*
• Schroeder et al. 2015: *Is Self Myofascial Release an Effective Preexercise and Recovery Strategy? A Literature Review. Current Sports Medicine Reports 14(3):2 00-208. Self myofascial relief more poplar*

줄 없는 줄넘기

• Ha, Amy S., Ng, Johan Y. Y.: Rope skipping increases bone mineral density at calcanei of pubertal girls in Hong Kong: A quasi-experimental investigation December 8, 2017 https://doi.org/10.1371/journal.pone.0189085
• Postler T., Schulz, T. et al.: Skipping Hearts Goes To School: Short-Term Effects. Dtsch Z Sportmed. 2017; 68: 148-156. Jahrgang 68, Nr. 6 (2017) Doi: 10.5960/dzsm.2017.288
• Samitz, G., Egger, M. & Zwahlen, M. (2011). Domains of physical activity and all-cause mortality: Systematic review and dose-response meta-analysis of cohort studies. Internati- onal Journal of Epidemiology, 40, 1382-1400.
• Wolfgang Kemmler et al.: Benefits of 2 Years of Intense Exercise on Bone Density, Physical Fitness, and Blood Lipids in Early Postmenopausal Osteopenic Women
• Results of the Erlangen Fitness Osteoporosis Prevention Study (EFOPS)
• Arch Intern Med 164, 2004, 1085)

나와 당신

모두를 위한 로젠버그의 4단계

• Rosenberg, Marshall B.: Gewaltfreie Kommunikation - eine Sprache des Lebens. Junfermann
• Muth, Cornelia (Hrsg.) (2010): Dann kann man das ja auch mal so losen! Auswertungsinterviews mit Kindern und Jugendlichen nach Trainings zur Gewaltfreien Kommunikation. ibidem
• Wacker, Renata et al.: Preventing Empathic Distress and Social Stressors at Work Through Nonviolent Communication Training: A Field Study With Health Professionals. Journal of Occupational Health Psychology 23(1)·December 2016 DOI: 10.1037/ocp0000058

같이 걷기

• Überblick über mehrere aktuelle Studien in: Shane O'Mara: Das Gluck des Gehens. Rowohlt
• Suwabe, Kazuya et al.: Rapid stimulation of human dentate gyrus function with acute mild

exercise PNAS October 9, 2018 115 (41)10487-10492; September 24, 2018 https://doi.org/10.1073/pnas.1805668115
- Lanini, Jessica et al.: Interactive locomotion: Investigation and modeling of physically-paired humans while walking. PLOSOne: September 6, 2017 https://doi.org/10.1371/journal.pone.0179989
- Opezzo, Marily et al.: Give Your Ideas Some Legs: The Positive Effect of Walking on Creative Thinking. Journal of Experimental Psychology: Learning, Memory, and Cognition 2014, Vol. 40, No. 4, 1142-1152 http://dx.doi.org/10.1037/a0036577

다른 사람들의 곁에 있어주고 선행을 실천하기
- Grant- & Glueck-Study: www.adultdevelopmentstudy.org
- Soyoung Park et al: A neural link between generosity and happiness. Nature Communications, doi: 10.1038/ncomms15964
- Nelson, S. K., & Lyubomirsky, S. (2014). Finding happiness: Tailoring positive activities for optimal well-being benefits. In M. M. Tugade, M. N. Shiota, & L. D. Kirby (Eds.), Handbook of positive emotions (p. 275-293). Guilford Press
- Dunn, Elizabeth et al.: Spending Money on Others Promotes Happiness Science 21 Mar 2008: Vol. 319, Issue 5870, pp. 1687-1688 DOI: 10.1126/science.1150952
- Lee, Berk: American Physiological Society. 'Laughter Remains Good Medicine.' ScienceDaily. 〈www.sciencedaily.com/releases/2009/04/09041708411

거절하기
- Jacobi, Frank et al. Psychische Störungen in der Allgemeinbevölkerung. Studie zur Gesundheit Erwachsener in Deutschland und ihr Zusatzmodul Psychische Gesundheit (DEGS1-MH). Nervenarzt 2014, 85: 77-87
- Lohman-Haislah, A.: Stressreport Deutschland 2012. Psychische Anforderungen, Ressourcen und Befinden. www.akuthilfe24.de
- Bertelsmann-Stiftung: Alle Achtung vor dem Stress. Eine 360-Grad-Betrachtung. 2013 www.bertelsmann.de

잘 가라, 에너지 도둑!
- Abdullah Almaatouq, Laura Radaelli, Alex Pentland et al.: Are You Your Friends' Friend? Poor Perception of Friendship Ties Limits the Ability to Promote Behavioral Change,Published: March 22, 2016 https://doi.org/10.1371/journal.pone.0151588

오랜 친구를 찾아 삶에 활력 불어넣기
- Jacob L, Haro JM, Koyanagi A (2019) Relationship between living alone and common mental disorders in the 1993, 2000 and 2007 National Psychiatric Morbidity Surveys. PLoS ONE 14(5): e0215182. https://doi.org/10.1371/journal.pone.0215182

알람을 이용한 둘만의 대화법
- Michael Lukas Moeller: Die Wahrheit beginnt zu zweit: Das Paar im Gespräch. Rowohlt
- Marita Weerts-Eden: Das Zwiegespräch - die kleinste Selbsthilfegruppe der Welt. In: Selbsthilfegruppenjahrbuch 2010. Gießen 2010

뷰티

페이스 리프팅 요가
- Murad Alam et al.: Association of Facial Exercise With the Appearance of Aging. JAMA Dermatology, DOI: 10.1001/jamadermatol.2017.5142

라벤더 족욕
- Ligia Salgueiro et al.: Chemical composition and antifungal activity of the essential oils of Lavandula viridis L'Her. Journal of medical Microbiology Vol 60, Issue 5 https://doi.org/10.1099/jmm.0.027748-0
- Kasper S. et al.: Lavender oil preparation Silexan is effective in generalized anxiety disorder - a randomized, double-blind comparison to placebo and paroxetine. Int J Neuropsychopharmacol 2014; 17(6): 859-869
- Kuwaki, Tomoyuki: Linalool Odor-Induced

Anxiolytic Effects in Mice Front. Behav. Neurosci., 23 October 2018 | https://doi.org/10.3389/fnbeh.2018.00241

클레오파트라 목욕

- Cernomaz TA1, Bolog SG, Mihăescu T.: The effect of a dry salt inhaler in adults with COPD. Pneumologia. 2007 Jul-Sep;56(3): 124-7.
- Machtey, I.: Dead Sea and Dead Sea Salt Balneotherapy for Arthritis Isr Med Assoc J 2009 May;11(5):321-2.
- Halevy S, Giryes H, Friger M, Grossman N, Karpas Z, Sarov B, Sukenik S.: The role of trace elements in psoriatic patients undergoing balneotherapy with Dead Sea bath salt. Isr Med Assoc J. 2001 Nov;3(11):828-32.PMID: 11729578 Clinical Trial.

내면 가꾸기

- Bolwer, A., Mack-Andrick, J., Lang, F. R., Dorfler, A., & Maihofner, C. (2014). How Art Changes Your Brain: Differential Effects of Visual Art Production and Cognitive Art Evaluation on Functional Brain Connectivity. PLOS, 9(7), e101035.
- Kaimal, G., Ray, K.: Reduction of Cortisol Levels and Participants' Responses Following Art Making. Art Ther (Alex). 2016 Apr 2; 33(2): 74-80.
- doi: 10.1080/07421656.2016.1166832

레몬으로 부드러운 피부 만들기

- Oikeh, E.: Phytochemical, antimicrobial, and antioxidant activities of different citrus juice concentrates. Food Science & Nutrition 4(1) DOI: 10.1002/fsn3.268

꿈결 같은 머리를 만드는 빗질

- Phillips TG, Slomiany P. et al., Hair Loss: Common Causes and Treatment, Am Fam Physician. 2017 Sep 15;96(6):371-378

열 손가락을 위한 안티에이징 프로그램

- Joseph Firth et al.: Grip Strength Is Associated With Cognitive Performance in Schizophrenia and the General Population: A UK Biobank Study of 476559 Participants Schizophrenia Bulletin, Volume 44, Issue 4, July 2018, Pages 728-736, https://doi.org/10.1093/schbul/sby034
- Darryll P Leong et al.: Prognostic value of grip strength: findings from the Prospective Urban Rural Epidemiology (PURE) study. The Lancet https://doi.org/10.1016/S0140-6736(14)62000-6
- Richard W Bohannon: Grip Strength: An Indispensable Biomarker For Older Adults. Clin Interv Aging. 2019; 14: 1681-1691. doi: 10.2147/CIA.S194543
- https://www.kneipp.com/de_de/kneippmagazin/haut-pflegen/handpflege-tipps/hand-wellness/

프란치스카 루빈의 다른 저서들

《최고의 민간요법: 정말 도움이 되는 것들(Die besten Hausmittel - Was wirklich hilft)》, *bjvverlag, 2020*.

《숙면에 관한 나의 작은 책(Mein kleines Buch vom guten Schlaf)》, *Knaur Leben, 2020*.

《호주의 치유의 비밀: 자연으로 효과적으로 치유하기(Australiens Heilgeheimnisse: Mit der Natur kraftvoll heilen!)》, *bpa media, 2019*.

《어린이들을 위한 부드러운 의학(Meine sanfte Medizin für Kinder. Komplett überarbeitete Neuauflage)》, *Zabert Sandmann, 2019*.

《숙면을 위한 부드러운 의학(Meine sanfte Medizin für einen guten Schlaf)》, *ZS Verlag, 2018*.

《매일 새로운 기적: 아기의 첫해를 위한 달력(Mit jedem Tag ein neues Wunder. Mein Babykalender fürs erste Jahr)》, *Ars Edition, 2017*.

《튼튼한 심장을 위한 부드러운 의학(Meine sanfte Medizin für ein starkes Herz)》, *ZS Verlag, 2017*.

《최고의 민간요법(Meine besten Hausmittel)》, *ZS Verlag, 2016*.

《나이 들어가는 이들을 위한 최고의 건강팁(Meine besten Gesundheits-Tipps fürs Älterwerden)》, *ZS Verlag, 2015*.

《중요한 것은 건강이다(Hauptsache Gesund)》, *Christian Verlag, 2015*.

《0에서 3까지(Von Null auf Drei)》, *Südwest, 2014*.

7분 건강

ⓒ 프란치스카 루빈, 2021

초판 1쇄 인쇄일 | 2021년 4월 1일
초판 1쇄 발행일 | 2021년 4월 15일

지은이 | 프란치스카 루빈
옮긴이 | 김민아
펴낸이 | 신난향
편집위원 | 박영배

펴낸곳 | (주)맥스교육(맥스미디어)
출판등록 | 2011년 8월 17일(제321-2011-000157호)
주소 | 서울시 서초구 마방로2길 9, 보광빌딩 5층
전화 | 02-589-5133(대표전화)   팩스 | 02-589-5088
홈페이지 | www.maxedu.co.kr

편집 | 임채혁
디자인 | 이선주
영업·마케팅 | 백민열
경영지원 | 장주열, 박종현

ISBN 979-11-5571-756-1 (13590)